Lecture Notes in Mathematics

Edited by A. Dold and B. Eckmann

Series: Mathematisches Institut der Universität Bonn
Adviser: F. Hirzebruch

455

Hanspeter Kraft

Kommutative algebraische Gruppen und Ringe

Springer-Verlag
Berlin · Heidelberg · New York 1975

Author
Prof. Dr. Hanspeter Kraft
Mathematisches Institut
der Universität Bonn
53 Bonn
Wegelerstraße 10
BRD

Library of Congress Cataloging in Publication Data

Kraft, Hanspeter, 1944-
Kommutative algebraische Gruppen und Ringe.

(Lecture notes in mathematics ; 455)
Bibliography: p.
Includes index.
1. Group schemes (Mathematics) 2. Commutative rings.
I. Title. II. Series: Lecture notes in mathematics
(Berlin) ; 455.
QA3.L28 no. 455 [QA564] 510'.8 [512'2] 75-12980

AMS Subject Classifications (1970): 14-02, 14 L15, 14 L25

ISBN 3-540-07158-X Springer-Verlag Berlin · Heidelberg · New York
ISBN 0-387-07158-X Springer-Verlag New York · Heidelberg · Berlin

Offsetdruck: Julius Beltz, Hemsbach/Bergstr.

Inhaltsverzeichnis

Einleitung

Die vorliegende Arbeit enthält einige neuere Untersuchungen über kommutative algebraische Gruppen und Ringe über einem Körper k der Charakteristik $p > 0$. Dabei liegt das Hauptgewicht auf dem Fall eines nicht perfekten Körpers k mit endlichem p-Grad (dh. $[k : k^p] < \infty$), obwohl auch einige Resultate gerade in Kap. II und III für perfekte Körper k neu sein dürften.

Ausgehend von den Resultaten von C.Schoeller in [7] , welche in Kap. I systematisch entwickelt und in einigen Punkten ergänzt werden, konstruieren wir einen proglatten k-Ring $\mathcal{C}_k$, dessen rationale Punkte $\mathcal{C}_k(k)$ einen vollständigen diskreten Bewertungsring mit Restklassenkörper k und Maximalideal $p\cdot\mathcal{C}_k(k)$ bilden, und der im perfekten Falle mit der universellen proinfinitesimalen Ueberlagerung $\tilde{\mathcal{W}}_k = \varprojlim_F \mathcal{W}_k$ (F = Frobeniushomomorphismus) des k-Ringes $\mathcal{W}_k$ der Wittschen Vektoren übereinstimmt. Dieser k-Ring $\mathcal{C}_k$ spielt im Folgenden eine entscheidende Rolle : Einerseits ist es mit seiner Hilfe möglich, zu jedem vollständigen diskreten Bewertungsring S mit Restklassenkörper k einen k-Ring $\mathcal{S}$ zu konstruieren, dessen rationale Punkte zu S isomorph sind, und man erhält damit auch auf der Einheitengruppe S^* von S die Struktur einer k-Gruppe, nämlich $\mathcal{S}^*$, welche noch näher beschrieben werden kann. Diese Resultate ergeben sich im Rahmen einer allgemeinen Untersuchung der Moduln über einem zusammenhängenden kommutativen affinen k-Ring und speziell ihrer rationalen Punkte in Kapitel II.

Andererseits besitzt der k-Ring $\mathcal{C}_k$ eine universelle Eigenschaft bezüglich der zusammenhängenden kommutativen k-Ringe, analog der universellen Eigenschaft der Wittschen Vektoren $\mathfrak{W}(k)$ für einen perfekten Körper k bezüglich der vollständigen Noetherschen lokalen Ringe mit Restklassenkörper k. Dieses Resultat (vgl. §10.) erhalten wir zusammen mit einigen weiteren Ergebnissen über die Struktur der zusammenhängenden kommutativen k-Ringe im Kapitel III.

Zu Beginn jedes Kapitels findet man eine genauere Zusammenfassung der Ergebnisse, und wir haben auch einige Ergänzungen zur allgemeinen Theorie in Form von Uebungsaufgaben jeweils am Schluss der einzelnen Paragraphen angefügt.

Die Arbeiten [3], [4] und [5] enthalten für den Fall eines algebraisch abgeschlossenen Körper k auch einige Untersuchungen über nicht zusammenhängende, über nicht kommutative und über nicht affine algebraische k-Ringschemata (Diese Probleme werden hier in den Uebungsaufgaben zu §6 kurz gestreift).

Herrn Gabriel danke ich für seine Bemerkungen zum Text und das sorgfältige Lesen des Manuskripts. Ebenso danke ich dem Schweizerischen Nationalfonds und dem Sonderforschungsbereich Theoretische Mathematik in Bonn, die es mir möglich gemacht haben, meine ganze Zeit dieser Arbeit zu widmen.

Bonn, 6. Januar 1974

Bezeichnungen und Abkürzungen

Kategorien

$\underline{M}$, $\underline{M}_k$	Kategorie der kommutativen Ringe (mit Eins), der unitären kommutativen k-Algebren (1.1)
$\underline{M}_k E$, , $\widetilde{\underline{M}_k E}$, $\approx\!\underline{M}_k E$	Kategorie der k-Funktoren, der k-Garben, der harten k-Garben (1.1, 1.2)
$\underline{Gr}_k$	Kategorie der k-Gruppenfunktoren (1.1)
$\underline{Ab}_k$, $\widetilde{\underline{Ab}}_k$	Kategorie der kommutativen k-Gruppenfunktoren, der kommutativen k-Gruppengarben (1.1, 1.2)
$\underline{Ac}_k$, $\underline{Acu}_k$, $\underline{Acm}_k$	Kategorie der kommutativen, der kommutativen unipotenten, der multiplikativen k-Gruppenschemata (1.1, 5.1, 5.4)
$\widehat{\underline{Mod}}_{\mathcal{R}(k)}$	Kategorie der profiniten $\mathcal{R}(k)$-Moduln (7.2)

Gruppenschemata

A_a , M_a , K_a , $\hat{K}_a$	(6.1, 9.3, 9.4)
$\mathbb{A}_k^n$	affiner n-dimensionaler Raum (1.1)
α_k , $_p\alpha_k$	additive Gruppe und Frobeniuskern (1.1)
$\mathcal{D}_k$	affine Gerade (1.1)
$\mathcal{C}_n^{\mathcal{B}}$, $\mathcal{C}_{nk}$, $\hat{\mathcal{C}}_{nk}$, $\mathcal{C}_k$	Cohenschemata (2.6, 3.1)

$\mathfrak{v}_n^i$, $\mathfrak{v}^i$	Ideale in $\mathfrak{C}_{nk}$, $\mathfrak{C}_k$ (2.8, 3.5)
μ_k , $\hat{\mu}_k$, $\overset{\infty}{\mu}_k$	multiplikative Gruppe (1.1, 3.8, 8.2)
$\mathfrak{W}_{nk}$, $\mathfrak{W}_k$, $\overset{\infty}{\mathfrak{W}}_k$	Wittsche Vektoren (1.5, 3.1, 6.7)
$\mathfrak{G}^m$	multiplikativer Bestandteil (8.2)
$\mathfrak{R}^*$, $\mathfrak{R}^+$	Einheitengruppe, unterliegende additive Gruppe eines k-Ringes (6.1)
$\mathfrak{R}^g$	grösster proglatter Unterring (10.1)
$G(S)$, $U(S)$, $U^n(S)$	(8.1)
$\mathfrak{R}\cdot M$	(7.13)
$\mathfrak{I}(\mathfrak{a})$, $I(\mathfrak{a})$	(9.1)

Morphismen und Funktoren

${}^V\mathfrak{G}$, ${}^F\mathfrak{G}$	Verschiebung, Frobeniushomomorphismus
V , T , F , R	(1.5)
$\tau = [?]$	Teichmüllerschnitt (1.5)
$\mathfrak{o}$, $\mathfrak{t}$	(2.8, 3.1)
$\mathfrak{u}$, ${}_n\mathfrak{u}_m$, $\hat{\mathfrak{u}}$	(2.10, 3.4)
$\mathfrak{v}$, $\mathfrak{p}$, $\mathfrak{f}$, π , $\hat{\mathfrak{v}}$	(2.11, 2.12, 3.1)
$\mathfrak{e}$	(4.6)

$\hat{\varphi}$, $\hat{\otimes}$	(7.4)
$G_{\mathfrak{A}}$, $\varphi_{\mathcal{M}}$, ψ_{M}	(7.2)
Φ_n , Ψ_n	Geisterkomponente (1.5, 3.7)
$? \otimes_k k'$	Basiswechsel (1.4)
$\prod_{k/k'}$	Weilrestriktion (1.4)
$\prod_n$, ϱ	(2.3)
$\tilde{H}^i(k,?)$	(7.14)
$\tilde{B}$, $\tilde{B}_n$, B	(8.5)
M , M_n	Antiäquivalenzen (5.1)

spezielle Bezeichnungen

$D_n^{\mathfrak{B}}$, $D^{\mathfrak{B}}$, D_k	Dieudonnéringe (4.2)
$k[F] = D_{1k}$	(1.3)
I , I_n , $I(n)$	(2.1, 2.6)
J , J_n , J_{∞}	(3.3)
E , E_n	(8.5)
$\mathfrak{B}$	endliche Menge, p-Basis (2.1, 2.2, 1.6)
B^{α} , $[B^{\alpha}]$, $[b]$	(2.1, 2.5, 3.3)
$e = e_S$, $e_1 = \frac{e}{p-1}$	absolute Verzweigungsordnung (8.3)

§1. Voraussetzungen und Grundlagen

Dieser erste Paragraph soll dazu dienen, die im Folgenden ständig verwendeten Begriffe aus der algebraischen Geometrie und der Theorie der algebraischen Gruppen kurz zusammenzustellen und in groben Zügen zu erläutern. Die Hauptreferenz sind die "Groupes algébriques" von Demazure-Gabriel [2] , wo auch sämtliche Details zu finden sind. Wir stellen uns wie dort auf den funktoriellen Standpunkt : Ein Schema X (als geometrischer Raum) wird beschrieben durch den Funktor der jedem kommutativen Ring R die Menge [Spec R, X] der Morphismen von Spec R nach X zuordnet.

1.1 k-Funktoren und k-Schemata. Wir bezeichnen mit $\underline{M}$ die Kategorie der kommutativen Ringe mit Einselement, mit $\underline{M}_k$ für $k \in \underline{M}$ die Kategorie der kommutativen unitären k-Algebren und mit $\underline{M}_k\underline{E}$ die Kategorie der k-Funktoren, dh. der Funktoren von $\underline{M}_k$ in die Kategorie $\underline{E}$ der Mengen; die Morphismen von $\underline{M}_k\underline{E}$ sind die natürlichen Transformationen von Funktoren. Aus metamathematischen Gründen sollte man sich eigentlich auf solche Ringe R beschränken, deren unterliegende Menge zu einem (genügend grossen) fixierten Universum U gehören; vergleiche hierzu [2] Conventions générales (diese Ringe werden dort Modelle genannt).

Die darstellbaren Funktoren $Sp\ T = \underline{M}_k(T, ?) \in \underline{M}_k\underline{E}$ heissen affine k-Schemata (Für die Definition der k-Schemata vergleiche [2] I, §1, 3.11).

Ist $\mathcal{G} \in \underline{M}_k\underline{E}$ ein k-Funktor und versieht man $\mathcal{G}(R)$ für jedes $R \in M_k$ mit einer Gruppenstruktur (bzw. einer Ringstruktur), welche funktoriell von $R \in \underline{M}_k$ abhängt, so nennen wir $\mathcal{G}$ <u>einen k-Gruppenfunktor</u> (bzw. <u>einen k-Ringfunktor</u>). Die k-Gruppenfunktoren sind die Gruppenobjekte in $\underline{M}_k\underline{E}$ und können auch als Funktoren von $\underline{M}_k$ in die Kategorie der Gruppen aufgefasst werden. Wir bezeichnen mit $\underline{Gr}_k$ bzw. $\underline{Ab}_k$ die Kategorie der k-Gruppenfunktoren bzw. der kommutativen k-Gruppenfunktoren.

Zum Beispiel besitzt die affine Gerade $\mathcal{D}_k = \mathbb{A}^1_k$ gegeben durch $\mathcal{D}_k(R) = R$ in natürlicher Weise eine Ringstruktur und wir bezeichnen mit α_k die unterliegende additive k-Gruppe : $\alpha_k(R) = R^+$; die multiplikative Gruppe $\mu_k \subset \mathcal{D}_k$ ist dann gegeben durch $\mu_k(R) = R^*$ mit R^* = Einheitengruppe von R für $R \in \underline{M}_k$.

Ist $\mathcal{G}$ ein k-Gruppenfunktor bzw. ein k-Ringfunktor und ist $\mathcal{G}$ affin, so nennen wir $\mathcal{G}$ ein <u>affines k-Gruppenschema</u> oder auch nur eine <u>k-Gruppe</u> bzw. ein <u>affines k-Ringschema</u> oder ein <u>k-Ring</u>, und bezeichnen mit $\underline{Ac}_k$ die Kategorie der affinen kommutativen k-Gruppen. Ist k ein Körper, so ist $\underline{Ac}_k$ eine <u>abelsche Kategorie</u>, die Epimorphismen (bzw. Monomorphismen) sind die treuflachen Homomorphismen (bzw. die abgeschlossenen Immersionen) ([2] III, §3, Corollaire 7.4).

Ist $\mathcal{R}$ ein k-Ringfunktor, $\mathcal{M}$ ein k-Gruppenfunktor und $\rho : \mathcal{R} \times \mathcal{M} \longrightarrow \mathcal{M}$ ein Morphismus, der die Gruppe $\mathcal{M}(R)$ für alle $R \in \underline{M}_k$ zu einem $\mathcal{R}(R)$-Modul macht, so nennen wir $\mathcal{M}$ einen $\mathcal{R}$<u>-Modulfunktor</u> (bzw. einen $\mathcal{R}$<u>-Modul</u>, falls $\mathcal{R}$ und $\mathcal{M}$ <u>affin</u> sind). Zum Beispiel ist der affine Raum $\mathbb{A}^n_k$ (gegeben durch $R \longmapsto R^n$) in natürlicher Weise ein Modul über dem k-Ring $\mathcal{D}_k$.

1.2 k-Garben und harte k-Garben. Die Kategorie der k-Schemata $Sch_k \subset \underline{M}_k\underline{E}$ lässt sich in gewisser Weise "approximieren" durch die Kategorie $\widetilde{\underline{M}_k\underline{E}}$ der k-Garben und die Kategorie $\approx{\underline{M}_k\underline{E}}$ der harten k-Garben : $Sch_k \subset \approx{\underline{M}_k\underline{E}} \subset \widetilde{\underline{M}_k\underline{E}} \subset \underline{M}_k\underline{E}$ (Für die Definition der k-Garben und der harten k-Garben und ihre Eigenschaften vergleiche III, §1.). Die Inklusion $\widetilde{\underline{M}_k\underline{E}} \subset \underline{M}_k\underline{E}$ besitzt einen Linksadjungierten $\tilde{?}$ - die assoziierte Garbe zu einem Funktor - welcher mit endlichen projektiven Limiten vertauscht, und die Kategorie $\widetilde{\underline{M}_k\underline{E}}$ besitzt daher ähnlich "schöne" Eigenschaften wie die Kategorie der k-Funktoren ([2] III, §1, n^o2); entsprechendes gilt für die harten k-Garben. Wir werden im Laufe dieser Arbeit mehrmals solche Eigenschaften der Garbenkategorien benützen, und wir wollen hier nur eine explizit angeben (vgl. [2] III, §3, Théorème 5.6 und §1, Corollaire 2.8):

Ist k ein Körper, $\mathcal{G}$ und $\mathcal{H}$ zwei affine algebraische k-Gruppen und $f: \mathcal{G} \longrightarrow \mathcal{H}$ ein Gruppenhomomorphismus, so ist f genau dann ein Epimorphismus von k-Gruppen, wenn f ein Epimorphismus von k-Gruppengarben ist, dh. wenn es für alle $R \in M_k$ und alle $x \in \mathcal{H}(R)$ eine treuflache endlich präsentierte Erweiterung $\varphi : R \longrightarrow S$ und ein $y \in \mathcal{G}(S)$ gibt mit $f(S)(y) = \mathcal{H}(\varphi)(x)$.

1.3 Erweiterungen. Ist $\underline{C}$ eine abelsche Kategorie, so bezeichnen wir wie üblich mit $\underline{C}^n(a,b)$ für $a,b \in \underline{C}$ die Gruppe der n-Yoneda-Erweiterungen von a mit b (vgl. S. MacLane : Homology Chap. III oder B. Mitchell : Theory of Categories Chap. VII). Für jede kurze exakte Sequenz $0 \to a' \to a \to a'' \to 0$ in $\underline{C}$ haben wir dann die langen Cohomologiesequenzen

$$0 \to \underline{C}(a'',b) \to \underline{C}(a,b) \to \underline{C}(a',b) \to \underline{C}^1(a'',b) \to \underline{C}^1(a,b) \to \underline{C}^1(a',b) \to \cdots$$

$$0 \to \underline{C}(b,a') \to \underline{C}(b,a) \to \underline{C}(b,a'') \to \underline{C}^1(b,a') \to \underline{C}^1(b,a) \to \underline{C}^1(b,a'') \to \cdots$$

Betrachten wir als Beispiel $\alpha_k \in \underline{Ac}_k$, k = Körper der Charakteristik $p > 0$, so haben wir einen Isomorphismus $k[F] \xrightarrow{\sim} \underline{Ac}_k(\alpha_k, \alpha_k)$, wobei $k[F]$ der nicht kommutative Polynomring über k in der Unbestimmten F ist mit $F \cdot \lambda = \lambda^p \cdot F$ für $\lambda \in k$, und der Isomorphismus ist gegeben durch $\lambda \longmapsto$ "Streckung mit λ " für $\lambda \in k$ und $F \longmapsto$ Frobeniushomomorphismus ([2] , II, §3, Proposition 4.4 b)). Die Gruppe $\underline{Ac}^1_k(\alpha_k, \alpha_k)$ ist dann als $k[F]$ -Linksmodul frei erzeugt von der Klasse der exakten Sequenz $0 \to \alpha_k \to W_{2k} \to \alpha_k \to 0$ (vgl. 1.5) ([2] ,II, §3, Théorème 4.6 b) und III, §6, Corollaire 2.4; siehe auch V, §1, Proposition 2.2 c)).

1.4 Basiswechsel und Weilrestriktion. Ist $\varphi : k \to k'$ ein Ringhomomorphismus in $\underline{M}$, so ist der Funktor "Basiswechsel"

$$? \otimes_k k' : \underline{M}_k\underline{E} \longrightarrow \underline{M}_{k'}\underline{E}$$

gegeben durch $(\mathcal{G} \otimes_k k')(R) = \mathcal{G}({}_\varphi R)$ für $R \in \underline{M}_{k'}$, wobei ${}_\varphi R$ diejenige k-Algebra ist, die man aus der k'-Algebra R mit Hilfe von φ erhält. Dieser Funktor ist exakt und besitzt sowohl einen Rechtsadjungierte - die Basisrestriktion ${}_k?$ - als auch einen Linksadjungierten - die Weilrestriktion $\prod_{k'|k}$ ([2] I, §1, n°6).

Die Weilrestriktion $\prod_{k'/k}$ ist gegeben durch $(\prod_{k'/k} \mathcal{G})(R) = \mathcal{G}(R \otimes_k k')$ für $R \in \underline{M}_k$, und die funktorielle Bijektion

$$\underline{M}_{k'}\underline{E}(\mathcal{G} \otimes_k k', \mathcal{H}) \xrightarrow{\sim} \underline{M}_k\underline{E}(\mathcal{G}, \prod_{k'/k} \mathcal{H})$$

lässt sich folgendermassen beschreiben: Einem Morphismus $f : \mathcal{G} \otimes_k k' \longrightarrow \mathcal{H}$ wird der Morphismus $f' : \mathcal{G} \longrightarrow \prod_{k'/k} \mathcal{H}$ zugeordnet, welcher für $R \in \underline{M}_k$ durch die Komposition

$$\mathcal{G}(R) \xrightarrow{\mathcal{G}(i)} \mathcal{G}(\varphi(R \otimes_k k')) \xrightarrow{f(R \otimes_k k')} \mathcal{H}(R \otimes_k k')$$

definiert ist ($i: R \longrightarrow R \otimes_k k'$ ist die kanonische Inklusion).

Ist $\mathcal{G}$ ein affines k'-Schema und ist k' ein endlich erzeugter projektiver k-Modul, so ist $\prod_{k'/k} \mathcal{G}$ ein affines k-Schema. Offensichtlich ist mit $\mathcal{G}$ auch $\prod_{k'/k} \mathcal{G}$ ein Gruppenfunktor (bzw. ein Ringfunktor).

1.5 Wittsche Vektoren. Betrachtet man auf dem Produkt $\alpha_{\mathbb{Z}}^{\mathbb{N}}$ die Morphismen

$$\phi_n : \alpha_{\mathbb{Z}}^{\mathbb{N}} \longrightarrow \alpha_{\mathbb{Z}} \qquad \text{für } n \geq 0$$

gegeben durch $\phi_n((r_0, r_1, r_2, \ldots)) = \sum_{i=0}^{n} p^i \cdot r_i^{p^{n-i}}$, so gibt es auf $\alpha_{\mathbb{Z}}^{\mathbb{N}}$ genau eine Ringstruktur derart, dass die ϕ_n Ringhomomorphismen sind für alle $n \geq 0$. Dieses affine $\mathbb{Z}$-Ringschema heisst das Schema der Wittschen Vektoren und wird mit $W_{\mathbb{Z}}$ bezeichnet; die $\phi_n(r)$ nennt man auch die Geisterkomponenten von $r \in W_{\mathbb{Z}}(R)$, $R \in \underline{M}$ ([2] V, §1, n°1). Man erhält auch eine Ringstruktur auf den Vektoren der Länge n $\{(r_0, r_1, \ldots, r_{n-1}) \mid r_i \in R\}$ und nennt dieses affine $\mathbb{Z}$-Ringschema $W_{n\mathbb{Z}}$ das Schema der Wittschen Vektoren der

Länge n.

Wir haben die Gruppenhomomorphismen

$$T : W_{n\mathbb{Z}} \longrightarrow W_{n+1\,\mathbb{Z}}$$

und

$$V : W_{n\mathbb{Z}} \longrightarrow W_{n\mathbb{Z}}$$

gegeben durch $T(r_o,r_1,\ldots,r_{n-1}) = (0,r_o,r_1,\ldots,r_{n-1})$ und $V(r_o,r_1,\ldots,r_{n-1}) = (0,r_o,r_1,\ldots,r_{n-2})$ und den Ringhomomorphismus

$$R : W_{n+1\,\mathbb{Z}} \longrightarrow W_{n\mathbb{Z}}$$

gegeben durch $R(r_o,r_1,\ldots,r_n) = (r_o,r_1,\ldots,r_{n-1})$ mit $R\circ T = V$.

Genau gleich ist auch $T = V : W_{\mathbb{Z}} \longrightarrow W_{\mathbb{Z}}$ definiert und wir erhalten die exakten Sequenzen affiner Gruppenschemata

$$0 \longrightarrow W_{n\mathbb{Z}} \xrightarrow{T^s} W_{n+s\,\mathbb{Z}} \xrightarrow{R^n} W_{s\mathbb{Z}} \longrightarrow 0$$

$$0 \longrightarrow W_{\mathbb{Z}} \xrightarrow{T^s} W_{\mathbb{Z}} \xrightarrow{pr_s} W_{s\mathbb{Z}} \longrightarrow 0$$

für alle $n,s > 0$ (diese Sequenzen sind schon exakt in den Funktoren).

Ist $A \in \underline{M}$ ein Ring der Charakteristik $p > 0$, so haben wir auf W_A und W_{nA} den Frobeniushomomorphismus

$$F : W_A \longrightarrow W_A \qquad F : W_{nA} \longrightarrow W_{nA}$$

gegeben durch $F(r_o,r_1,\ldots) = (r_o^p, r_1^p,\ldots)$ und der oben definierte Homomorphismus V ist die Verschiebung auf W_A bzw. auf W_{nA} ([2] V, §1, Corollaire 1.9)

Zudem gelten die Beziehungen

$$V \bullet F = F \bullet V = p \cdot Id$$

und

$$V(Fx \cdot y) = x \cdot V(y) \qquad \text{für } x,y \in \omega_A(R), R \in \underline{M}_A.$$

Für $r \in R$ setzen wir $\tau(r) = [r] = (r,0,0,\dots) \in \omega_{\mathbb{Z}}(R)$ und ebenso $[r] = (r,0,\dots,0) \in \omega_{n\mathbb{Z}}(R)$, und nennen $[r]$ den Teichmüllerrepräsentanten von $r \in R$ in $\omega_{\mathbb{Z}}(R)$ bzw. in $\omega_{n\mathbb{Z}}(R)$. Der Morphismus $\tau : \alpha_{\mathbb{Z}} \longrightarrow \omega_{\mathbb{Z}}$ ist ein Schnitt der kanonischen Projektion $pr : \omega_{\mathbb{Z}} \longrightarrow \omega_{1\mathbb{Z}} = \alpha_{\mathbb{Z}}$ und es gilt $[r] \cdot [s] = [r \cdot s]$ in $\omega_{\mathbb{Z}}(R)$ und $\omega_{n\mathbb{Z}}(R)$ ([2] V, §1, 1.5). Offensichtlich besitzt jedes Element $r = (r_0, r_1, \dots, r_n) \in \omega_{n+1\,\mathbb{Z}}(R)$ die Darstellung

$$r = \sum_{i=0}^{n} V^i([r_i])$$

in $\omega_{n+1\,\mathbb{Z}}(R)$.

Ist k ein perfekter Körper der Charakteristik $p > 0$, so ist $\omega_k(k)$ ein vollständiger diskreter Bewertungsring mit Restklassenkörper k und Maximalideal $\mathfrak{m}$ erzeugt von der Primzahl p ([2] V, §1, 1.8)

1.6 p-Basis und p-Grad. Ist k ein Körper der Charakteristik $p > 0$, so nennen wir eine Teilmenge $\mathcal{B} \subset k$ eine p-Basis von k (über k^p), wenn die Monome

$$\left\{ \prod_{\text{endl.}} b^{\nu_b} \;\middle|\; b \in \mathcal{B},\ 0 \leq \nu_b < p \right\}$$

eine Basis von k über k^p bilden. Die Kardinalität von $\mathcal{B}$ heisst der p-Grad von k/k^p und wird mit $[k : k^p]_p$ bezeichnet (vergleiche [9] Ch. II, §17.).

Kapitel I. Cohenschemata, Struktursatz für unipotente Gruppen

In der Theorie der kommutativen affinen Gruppenschemata über einem perfekten Körper k der Charakteristik $p > 0$ spielen die Schemata $\mathcal{W}_{nk}$ der Wittschen Vektoren der Länge n eine entscheidende Rolle: Sie sind injektive Cogeneratoren in der Kategorie der algebraischen unipotenten k-Gruppen, welche von der n-fachen Verschiebung annuliert werden, und man erhält mit ihrer Hilfe eine Antiäquivalenz zwischen der Kategorie $\underline{Acu}_k$ der kommutativen unipotenten k-Gruppen und der Kategorie der auswischbaren Moduln über dem Dieudonné-Ring D_k. Für den Fall eines nicht perfekten Körpers k von endlichem p-Grad konstruiert C. Schoeller in der Arbeit [7] affine algebraische k-Ringschemata $\mathcal{C}_{nk}$, welche die Rolle der $\mathcal{W}_{nk}$ übernehmen. Diese Konstruktion hängt von der Wahl einer p-Basis $\mathcal{B} \subset k$ ab und die $\mathcal{C}_{nk}$ lassen sich bereits über dem Polynomring $\mathbb{Z}[\mathcal{B}]$ definieren. Entsprechend der Translation T, der Verschiebung V und dem Frobeniushomomorphismus F für $\mathcal{W}_{nk}$ erhält man auch hier Gruppenhomomorphismen $\mathfrak{t} : \mathcal{C}_{nk} \longrightarrow \mathcal{C}_{n+1k}$, $\mathfrak{v} : \mathcal{C}_{nk} \longrightarrow \mathcal{C}_{nk}$, $\mathfrak{f} : \mathcal{C}_{nk} \longrightarrow \mathcal{C}_{nk}$ mit ähhlichen Eigenschaften. Zudem konstruieren wir einen Ringhomomorphismus $\pi : \mathcal{C}_{n+1k} \longrightarrow \mathcal{C}_{nk}$, welcher surjektiv auf den rationalen Punkten ist und erhalten durch Uebergang zum projektiven Limes einen proglatten k-Ring $\mathcal{C}_k = \varprojlim_{\pi} \mathcal{C}_{nk}$, dessen rationale Punkte $\mathcal{C}(k)$ einen vollständigen diskreten Bewertungsring bilden mit Restklassenkörper k und Maximalideal $p \cdot \mathcal{C}(k)$. Dieser Ring ist ein Cohenring zu k, dh. er besitzt eine universelle Eigenschaft bezüglich der vollständigen Noetherschen lokalen Ringe mit Restklassenkörper k

entsprechend der universellen Eigenschaft der Wittschen Vektoren $\mathcal{W}(k)$ für einen perfekten Körper k nach dem Satz von Teichmüller-Witt. (Für k perfekt ist $\mathcal{C}_k = \overset{\infty}{\mathcal{W}}_k$ = proj. Limes$(\cdots \xrightarrow{F} \mathcal{W}_k \xrightarrow{F} \mathcal{W}_k \xrightarrow{F} \mathcal{W}_k)$.)

Auch der Teichmüllerschnitt $\tau : \alpha_k \longrightarrow \mathcal{W}_k$ lässt sich in einem gewissen Sinne verallgemeinern : wir zeigen nämlich, dass die Einseinheiten $(1 + p \cdot \mathcal{C}_k) \subset \mathcal{C}_k^*$ einen direkten Faktor in der Einheitengruppe $\mathcal{C}_k^*$ bilden. Zusammen mit der universellen Eigenschaft von $\mathcal{C}_k(k)$ folgt hieraus, dass die kanonische Projektion $q : S \longrightarrow k$ für jeden vollständigen Noetherschen lokalen Ring S mit Restklassenkörper k multiplikative Schnitte besitzt.

In §4 studieren wir den Endomorphismenring D_n der k-Gruppe $\mathcal{C}_{nk}$ und zeigen, dass D_n über den Streckungen $\mathcal{C}_{nk}(k)$ von den Endomorphismen $\mathcal{V}$ und $\mathcal{F}$ erzeugt wird. Die k-Gruppe $\mathcal{C}_{nk}$ ist ein injektiver Cogenerator in der Kategorie $_n\underline{Acu}_k$ der unipotenten kommutativen algebraischen k-Gruppen, welche von der n-fachen Verschiebung annuliert werden, und mit den gleichen Methoden wie im perfekten Falle erhält man eine Antiäquivalenz zwischen der Kategorie $_n\underline{Acu}_k$ und der Kategorie der D_n-Linksmoduln gegeben durch den Funktor $M_n : \mathcal{G} \longmapsto \underline{Acu}_k(\mathcal{G}, \mathcal{C}_{nk})$, und damit auch eine Antiäquivalenz $M : \underline{Acu}_k \longrightarrow \mathfrak{a} \subset \underline{Mod}_D$ zwischen den unipotenten kommutativen k-Gruppen und den auswischbaren D-Moduln, wobei der Ring D ähnlich wie die D_n konstruiert wird.

Die Kategorie $\underline{Acu}_k$ hat die cohomologische Dimension 2 , dh. $\underline{Acu}_k^i(\mathcal{G}, \mathcal{H}) = 0$ für $i \geqslant 3$ und $\mathcal{G}, \mathcal{H} \in \underline{Acu}_k$, und eine genauere Untersuchung des Ringes D zeigt, dass die durch die Antiäquivalenz M induzierten Homomorphismen

$$\underline{Acu}_k^i(\mathcal{G}, \mathcal{H}) \longrightarrow \underline{Ext}_D^i(M(\mathcal{H}), M(\mathcal{G}))$$

bijektiv sind für alle $i \geq 0$, wobei wir für $i \geq 2$ die k-Gruppe $\mathcal{H}$ algebraisch voraussetzen müssen. Aus diesem Ergebnis folgern wir dann noch, dass die k-Gruppe $\mathcal{C}_k$ die projektive Dimension ≤ 1 hat, dh. $\underline{Acu}_k^2(\mathcal{C}_k, \mathcal{H}) = 0$ für $\mathcal{H} \in \underline{Acu}_k$ und dass jede Erweiterung von $\mathcal{C}_k$ mit einer glatten algebraischen unipotenten Gruppe spaltet.

Die Konstruktion der k-Ringe $\mathcal{C}_{nk}$ und der Struktursatz für unipotente k-Gruppen über nicht perfekten Körpern von endlichem p-Grad geht auf Schoeller [7] zurück. Dort findet man auch eine Verallgemeinerung des Struktursatzes auf beliebige Körper k der Charakteristik $p > 0$.

§2. Definition und erste Eigenschaften der Schemata $\mathcal{C}_n^{\mathcal{B}}$

Die Definitionen und Ergebnisse dieses Paragraphen bilden die Grundlage für alles Folgende.

Ist k ein Körper der Charakteristik $p > 0$ mit endlichem p-Grad und ist $\mathcal{B}$ eine p-Basis von k/k^p, so konstruieren wir affine k-Ringschemata $\mathcal{C}_{n,k}^{\mathcal{B}}$, welche im perfekten Falle mit den k-Ringschemata der Wittschen Vektoren $\omega_{n,k}$ übereinstimmen, und welche, wie sich später zeigen wird, in der Kategorie der kommutativen unipotenten k-Gruppen eine entsprechende Rolle spielen, wie die Wittschen Vektoren $\omega_{n,k}$ für einen perfekten Körper k. Die $\mathcal{C}_{n,k}^{\mathcal{B}}$ lassen sich bereits über dem Polynomring $\mathbb{Z}[\mathcal{B}]$ definieren, und wir erhalten in Verallgemeinerung der Translation $T : \omega_{n,k} \longrightarrow \omega_{n+1,k}$ und der Verschiebung $V : \omega_{n,k} \longrightarrow \omega_{n,k}$ Gruppenhomomorphismen $t : \mathcal{C}_{n,k}^{\mathcal{B}} \longrightarrow \mathcal{C}_{n+1,k}^{\mathcal{B}}$ und $v : \mathcal{C}_{n,k}^{\mathcal{B}} \longrightarrow \mathcal{C}_{n,k}^{\mathcal{B}}$ mit entsprechenden Eigenschaften. Mit Hilfe des Frobeniushomomorphismus $F : \omega_{n,k} \longrightarrow \omega_{n,k}$ und des Epimorphismus $R : \omega_{n+1,k} \longrightarrow \omega_{n,k}$ konstruieren wir Ringhomomorphismen $\varphi : \mathcal{C}_{n,k}^{\mathcal{B}} \longrightarrow \mathcal{C}_{n,k}^{\mathcal{B}}$ und $\pi : \mathcal{C}_{n+1,k}^{\mathcal{B}} \longrightarrow \mathcal{C}_{n,k}^{\mathcal{B}}$ und bestimmen einige Relationen zwischen den Homomorphismen t, v, φ und π.

Die Konstruktion der $\mathcal{C}_{n,k}^{\mathcal{B}}$ geht auf die Arbeit [7] von C. Schoeller zurück, wo auch einige der vorliegenden Resultate zu finden sind.

2.1 Wir wollen zunächst einige Bezeichnungen einführen, welche wir im Folgenden ständig benützen werden. Sei p ein Primzahl, $\mathcal{B}$ eine endliche Menge und $\mathbb{Z}[\mathcal{B}]$ der kommutative Polynomring in den Unbestimmten $b \in \mathcal{B}$. Der Ring $\mathbb{Z}[\mathcal{B}]$ dient als Grundring und wir setzen $\underline{M}_{\mathcal{B}} = \underline{M}_{\mathbb{Z}[\mathcal{B}]}$ für die Kategorie der $\mathbb{Z}[\mathcal{B}]$-Algebren (1.1). Für $R, S \in \underline{M}_{\mathcal{B}}$

bedeutet $R \otimes S$ immer das Tensorprodukt über $\mathbb{Z}[\mathcal{B}]$.

Für jedes $n \in \mathbb{N}$ sei $\mathbb{Z}[\mathcal{B}^{p^{-n}}]$ die $\mathbb{Z}[\mathcal{B}]$-Algebra erzeugt von den Variablen X_b mit $b \in \mathcal{B}$ mit den Relationen $X_b^{p^n} = b$; wir schreiben daher $b^{p^{-n}}$ an Stelle von X_b. Für $n \leq m$ denken wir uns $\mathbb{Z}[\mathcal{B}^{p^{-n}}]$ in kanonischer Weise in $\mathbb{Z}[\mathcal{B}^{p^{-m}}]$ eingebettet und erhalten eine Folge von Inklusionen

$$\mathbb{Z}[\mathcal{B}] \subset \mathbb{Z}[\mathcal{B}^{p^{-1}}] \subset \mathbb{Z}[\mathcal{B}^{p^{-2}}] \subset \ldots$$

mit Limes

$$\mathbb{Z}[\mathcal{B}^{p^{-\infty}}] = \bigcup_{n=0}^{\infty} \mathbb{Z}[\mathcal{B}^{p^{-n}}]$$

Setzen wir $I = \mathbb{Z}[\frac{1}{p}]^{\mathcal{B}}$, so ist für jedes $\alpha = (\alpha_b) \in I$

$$B^{\alpha} = \prod_{b \in \mathcal{B}} b^{\alpha_b}$$

ein wohlbestimmtes Element aus $\mathbb{Z}[\mathcal{B}^{p^{-\infty}}]$. Definieren wir für jedes $n \in \mathbb{N}$ die endliche Teilmenge $I_n \subset I$ durch

$$I_n = \{ \alpha = (\alpha_b) \in I \mid p^n \alpha_b \in \mathbb{Z} \text{ und } 0 \leq p^n \alpha_b < p^n \quad \forall\, b \in \mathcal{B} \}$$

so bilden die Elemente $\{ B^{\alpha} \mid \alpha \in I_n \}$ eine Basis des freien $\mathbb{Z}[\mathcal{B}]$-Moduls $\mathbb{Z}[\mathcal{B}^{p^{-n}}]$. Jedes Element $\alpha \in I$ besitzt eine eindeutig bestimmte Zerlegung

$$\alpha = n(\alpha) + \alpha'$$

mit $n(\alpha) \in \mathbb{Z}^{\mathcal{B}}$ und $\alpha' \in I_{\infty} = \bigcup_{n=0}^{\infty} I_n \subset I$.

2.2 Um das Vorangehende zu veranschaulichen, betrachten wir einen Körper k der Charakteristik p mit endlichem p-Grad (1.6). Ist dann $\mathcal{B} \subset k$ eine p-Basis von k/k^p, so besitzt k in natürlicher

Weise eine $\mathbb{Z}[\mathcal{B}]$-Algebrastruktur und

$$k^{p^{-\infty}} = k \otimes \mathbb{Z}[\mathcal{B}^{p^{-\infty}}]$$

ist eine perfekte Hülle von k. Wir erhalten zudem

$$k^{p^{-n}} = k \underset{\mathbb{Z}[\mathcal{B}]}{\otimes} \mathbb{Z}[\mathcal{B}^{p^{-n}}] = \{x \in k^{p^{-\infty}} \mid x^{p^n} \in k\}$$

und für jede k-Algebra R haben wir einen kanonischen Isomorphismus

$$R \otimes \mathbb{Z}[\mathcal{B}^{p^{-n}}] \xrightarrow{\sim} R \otimes_k k^{p^{-n}}$$

Ist umgekehrt $k \in \underline{M}_{\mathcal{B}}$ <u>ein Körper der Charakteristik</u> p <u>und wird</u> $\mathcal{B}$ <u>beim Strukturmorphismus</u> $\mathbb{Z}[\mathcal{B}] \longrightarrow k$ <u>bijektiv auf eine p-Basis von</u> k/k^p <u>abgebildet</u>, <u>so nennen wir die</u> $\mathbb{Z}[\mathcal{B}]$-<u>Algebra</u> k <u>einen "Körper mit p-Basis</u> $\mathcal{B}$ ".

Es bleibt dem Leser überlassen, in den folgenden Definitionen und Sätzen den "Basiswechsel" $\mathbb{Z}[\mathcal{B}] \longrightarrow k$ durchzuführen, dh. $\mathbb{Z}[\mathcal{B}]$ durch einen Körper k mit p-Basis $\mathcal{B}$ und $\mathbb{Z}[\mathcal{B}^{p^{-n}}]$ durch $k^{p^{-n}}$ zu ersetzen.

<u>Bemerkung</u>: Man könnte allgemeiner eine $\mathbb{Z}[\mathcal{B}]$-Algebra R einen "<u>Ring mit p-Basis</u> $\mathcal{B}$ " nennen, wenn R die Charakteristik p hat und wenn für jedes $n \geq 0$ der kanonische Homomorphismus

$$R^{p^n}[\{Y_b \mid b \in \mathcal{B}\}] / (\{Y_b^{p^n} - b^{p^n} \mid b \in \mathcal{B}\}) \longrightarrow R$$

ein Isomorphismus ist.

Ein typisches Beispiel für einen solchen Ring ist $\mathbb{F}_p[\mathcal{B}]$. Da ausser den Körpern mit p-Basis $\mathcal{B}$ nur dieser im Weiteren manchmal gebraucht wird, haben wir darauf verzichtet, systematisch mit dem Begriff des

Ringes mit p-Basis $\mathcal{B}$ zu arbeiten. Wir überlassen es dem Leser zu untersuchen, inwieweit sich die folgenden Sätze auf Ringe mit p-Basis $\mathcal{B}$ verallgemeinern lassen.

2.3 Sei $\varrho^n: \mathbb{Z}[\mathcal{B}^{p^{-n}}] \xrightarrow{\sim} \mathbb{Z}[\mathcal{B}]$ der Isomorphismus definiert durch $\varrho^n(b^{p^{-n}}) = b$ und $\varrho^{-n}: \mathbb{Z}[\mathcal{B}] \xrightarrow{\sim} \mathbb{Z}[\mathcal{B}^{p^{-n}}]$ die Umkehrabbildung.
Für einen Funktor $\mathcal{G} \in \underline{M}_{\mathcal{B}}\underline{E}$ definieren wir (vgl. 1.4)

$$\prod_n \mathcal{G} = \prod_{\mathbb{Z}[\mathcal{B}^{p^{-n}}]/\mathbb{Z}[\mathcal{B}]} \left(\mathcal{G} \otimes_{\varrho^{-n}} \mathbb{Z}[\mathcal{B}^{p^{-n}}] \right)$$

und erhalten einen Funktor

$$\prod_n : \underline{M}_{\mathcal{B}}\underline{E} \longrightarrow \underline{M}_{\mathcal{B}}\underline{E}$$

welcher mit projektiven Limiten vertauscht und affine $\mathbb{Z}[\mathcal{B}]$-Schemata in affine $\mathbb{Z}[\mathcal{B}]$-Schemata transformiert (1.4). Nach Definition gilt für $R \in \underline{M}_{\mathcal{B}}$

$$\prod_n \mathcal{G}(R) = \mathcal{G}\left(\left(R \otimes \mathbb{Z}[\mathcal{B}^{p^{-n}}]\right)_{\varrho^{-n}}\right)$$

wobei wir für $S \in \underline{M}_{\mathbb{Z}[\mathcal{B}^{p^{-n}}]}$ mit $S_{\varrho^{-n}}$ diejenige $\mathbb{Z}[\mathcal{B}]$-Algebra bezeichnen, welche man aus S durch die Basisrestriktion $\varrho^{-n}: \mathbb{Z}[\mathcal{B}] \xrightarrow{\sim} \mathbb{Z}[\mathcal{B}^{p^{-n}}]$ erhält. Wir haben eine natürliche Transformation

$$\prod_n \circ \prod_m \xrightarrow{\sim} \prod_{n+m}$$

gegeben durch die kanonischen Isomorphismen von $\mathbb{Z}[\mathcal{B}]$-Algebren

$$\left(\left(R \otimes \mathbb{Z}[\mathcal{B}^{p^{-n}}]\right)_{\varrho^{-n}} \otimes \mathbb{Z}[\mathcal{B}^{p^{-m}}]\right)_{\varrho^{-m}} \xrightarrow{\sim} \left(R \otimes \mathbb{Z}[\mathcal{B}^{p^{-n-m}}]\right)_{\varrho^{-n-m}}$$

und werden im Folgenden die beiden Funktoren identifizieren.
Ist $\mathcal{G} = \mathcal{G}' \otimes_{\mathbb{Z}} \mathbb{Z}[\mathcal{B}]$ bereits über $\mathbb{Z}$ definiert, so gilt in natürlicher Weise

$$\prod_n \mathcal{G} = \prod_{\mathbb{Z}[\mathcal{B}^{p^{-n}}]/\mathbb{Z}[\mathcal{B}]} \left(\mathcal{G} \otimes_{\mathbb{Z}[\mathcal{B}]} \mathbb{Z}[\mathcal{B}^{p^{-n}}] \right)$$

und wir erhalten kanonische Inklusionen

$$\prod_n \mathfrak{g} \hookrightarrow \prod_{n+k} \mathfrak{g}$$

für $n,k \geq 0$.

Im Falle $\mathfrak{g} = \mathcal{W}_{m,\mathbb{Z}[\mathcal{B}]}$ schreiben wir auch kürzer $\prod_n \mathcal{W}_m$ an Stelle von $\prod_n \mathcal{W}_{m,\mathbb{Z}[\mathcal{B}]}$. Es gilt also für $R \in \underline{M}_{\mathcal{B}}$

$$\prod_n \mathcal{W}_m(R) = \mathcal{W}_m(R \otimes \mathbb{Z}[\mathcal{B}^{p^{-n}}])$$

und wir haben Inklusionen

$$\iota : \prod_n \mathcal{W}_m \hookrightarrow \prod_{n+k} \mathcal{W}_m$$

gegeben durch $\mathcal{W}_m(R \otimes \mathbb{Z}[\mathcal{B}^{p^{-n}}]) \subset \mathcal{W}_m(R \otimes \mathbb{Z}[\mathcal{B}^{p^{-n-k}}]$.

2.4 Ist $A = \mathbb{F}_p[\mathcal{B}]$ oder $A = k$ ein Körper mit p-Basis $\mathcal{B}$, so setzen wir

$$A^{p^{-n}} = A \otimes \mathbb{Z}[\mathcal{B}^{p^{-n}}]$$

und erhalten kanonische Isomorphismen

$$\rho_A^n = \rho^n : A^{p^{-n}} \xrightarrow{\sim} A$$

gegeben durch $\rho^n(a) = a^{p^n}$ für $a \in A^{p^{-n}}$. Für einen A-Funktor $\mathcal{H} \in \underline{M}_A\underline{E}$ schreiben wir dann entsprechend

$$\prod_{n,A} \mathcal{H} = \prod_n \mathcal{H} = \prod_{A^{p^{-n}}/A} \mathcal{H} \otimes_{\rho_A^{-n}} A^{p^{-n}}$$

Für $\mathfrak{g} \in \underline{M}_{\mathcal{B}}\underline{E}$ gilt dann in natürlicher Weise

$$(\prod_n \mathfrak{g}) \otimes_{\mathbb{Z}[\mathcal{B}]} A = \prod_{n,A} (\mathfrak{g} \otimes_{\mathbb{Z}[\mathcal{B}]} A) .$$

2.5 Ist $R \in \underline{M}$, so hat jedes Element $x \in W_{m+1}(R)$ eine eindeutig bestimmte Darstellung in der Gestalt $x = \sum_{i=0}^{m} V^i([x_i])$ mit $x_i \in R$ (1.5). Das folgende Lemma gibt uns für ein $x \in \prod_n W_{m+1}(R)$, $R \in \underline{M}_{\mathfrak{B}}$ eine entsprechende Summenzerlegung, welche im Weiteren oft verwendet wird. Wir bezeichnen dabei ebenfalls mit V den durch die Verschiebung induzierten Gruppenhomomorphismus $\prod_n V : \prod_n W_{m+1} \to \prod_n W_{m+1}$ und setzen für $m \in \mathbb{N}$ $[0,m] = \{0,1,\ldots,m\}$.

Lemma: Die Abbildungen

$$\Phi(R) : \quad R^{[0,m] \times I_n} \longrightarrow W_{m+1}(R \otimes \mathbb{Z}[\mathfrak{B}^{p^{-n}}])$$

gegeben durch

$$\Phi(R)(x_{r\alpha}) = \sum_{(r,\alpha) \in [0,m] \times I_n} V^r([x_{r\alpha} \otimes B^{\alpha}])$$

für $R \in \underline{M}_{\mathfrak{B}}$ definieren einen Isomorphismus

$$\Phi : \quad \alpha_{\mathbb{Z}[\mathfrak{B}]}^{[0,m] \times I_n} \xrightarrow{\sim} \prod_n W_{m+1}$$

von affinen $\mathbb{Z}[\mathfrak{B}]$-Schemata.

Beweis: Setzen wir $P = W_{m+1}(R \otimes \mathbb{Z}[\mathfrak{B}^{p^{-n}}])$ und $P_i = V^i(P)$, so erhalten wir eine Filtrierung $P \supset P_1 \supset P_2 \supset \ldots \supset P_m \supset P_{m+1} = 0$, und die Behauptung folgt durch absteigende Induktion über i unter Verwendung der Beziehung

$$V^i([x+x']) - V^i([x]) - V^i([x']) \in P_{i+1}$$

für $x, x' \in R \otimes \mathbb{Z}[\mathfrak{B}^{p^{-n}}]$.

2.6 Mit Hilfe der Einbettung $\mathcal{W}_m \subset \prod_n \mathcal{W}_m$ fassen wir in Zukunft den $\mathbb{Z}[\mathcal{B}]$-Ring $\prod_n \mathcal{W}_m$ als $\mathcal{W}_m$-Algebra auf und entsprechend im Falle $\prod_k \mathcal{W}_m \subset \prod_{n+k} \mathcal{W}_m$.

Sei $\mathcal{C}^{\mathcal{B}}_{n+1}(R) \subset \mathcal{W}_{n+1}(R \otimes \mathbb{Z}[\mathcal{B}^{p^{-n}}])$ für $R \in \underline{M}_{\mathcal{B}}$ der $\mathcal{W}_{n+1}(R)$-Untermodul erzeugt von den Elementen $\{[1 \otimes B^{\alpha}] \in \mathcal{W}_{n+1}(R \otimes \mathbb{Z}[\mathcal{B}^{p^{-n}}]) \mid \alpha \in I_n\}$ und sei $I(n) = \{(r,\alpha) \in [0,n] \times I_n \mid p^{n-r}\alpha \in \mathbb{Z}^{\mathcal{B}}\}$.

Satz: $\mathcal{C}^{\mathcal{B}}_{n+1}$ ist eine affine $\mathcal{W}_{n+1}$-Unteralgebra von $\prod_n \mathcal{W}_{n+1}$ und der Morphismus Φ aus Lemma 2.5 induziert einen Isomorphismus

$$\alpha^{I(n)}_{\mathbb{Z}[\mathcal{B}]} \xrightarrow{\sim} \mathcal{C}^{\mathcal{B}}_{n+1}$$

von affinen $\mathbb{Z}[\mathcal{B}]$-Schemata. Insbesondere hat jedes Element $x \in \mathcal{C}^{\mathcal{B}}_{n+1}(R)$ mit $R \in \underline{M}_{\mathcal{B}}$ eine eindeutig bestimmte Darstellung in der Gestalt

$$x = \sum_{(r,\alpha) \in I(n)} V^r([x_{r\alpha} \otimes B^{\alpha}])$$

mit $x_{r\alpha} \in R$.

Beweis: Sei $\mathcal{J} \subset \prod_n \mathcal{W}_{n+1}$ das Bild von $\alpha^{I(n)} \subset \alpha^{[0,n] \times I_n}$ unter Φ. Dann lässt sich jedes Element $x \in \mathcal{J}(R)$ eindeutig in der im Satz gegebenen Form darstellen, und $\mathcal{J}$ enthält $\mathcal{W}_{n+1}$. Für $(r,\alpha) \in I(n)$ gilt nach Definition $p^{-r}\alpha \in I_n$ und wir erhalten die Gleichung $V^r([x \otimes B^{\alpha}]) = [1 \otimes B^{p^{-r}\alpha}] \cdot V^r([x])$ nach 1.5 für $x \in R$, $R \in \underline{M}_{\mathcal{B}}$. $\mathcal{J}(R)$ ist daher ein $\mathcal{W}_{n+1}(R)$-Untermodul von $\mathcal{W}_{n+1}(R \otimes \mathbb{Z}[\mathcal{B}^{p^{-n}}])$ erzeugt von den Elementen $\{[1 \otimes B^{\alpha}] \mid \alpha \in I_n\}$, also $\mathcal{J}(R) = \mathcal{C}^{\mathcal{B}}_{n+1}(R)$. Die multiplikative Abgeschlossenheit von $\mathcal{C}^{B}_{n+1}(R)$ erhält man aus der Beziehung

$$V^r([x\otimes B^{\alpha}])\cdot V^s([y\otimes B^{\beta}]) = [1\otimes B^{p^{-r}\alpha+p^{-s}\beta}]\cdot(V^r([x])\cdot V^s([y]))$$

2.7 Ist nun $I'(n)\subset[0,n]\times I_n$ das Komplement von $I(n)$ und $\mathcal{G}_{n+1}\subset\prod_n W_{n+1}$ das Bild von $\alpha^{I'(n)}\subset\alpha^{[0,n]\times I_n}$ in $\prod_n W_{n+1}$ unter Φ, so haben wir folgendes Resultat:

Satz: $\mathcal{G}_{n+1}$ ist ein $\mathcal{C}^{B}_{n+1}$-Untermodul von $\prod_n W_{n+1}$ und man hat eine direkte Summenzerlegung

$$\prod_n W_{n+1} = \mathcal{C}^{B}_{n+1} \oplus \mathcal{G}_{n+1}$$

von $\mathcal{C}^{B}_{n+1}$-Moduln.

Beweis: Wir rechnen im Ring $W_{n+1}(R\otimes \mathbb{Z}[B^{p^{-\infty}}])$ für $R\in \underline{M}_B$. Ist $(r,\alpha)\in I'(n)$, so gilt nach Definition für $i=0,1,..,n-r$ $(r+i,\ p^i\alpha)\in I'(n)$. Wir erhalten daraus für ein $z\in V^r(W_{n+1}(R))$, $z=(0,0,..,0,z_r,..,z_n)$, $z_i\in R$:

$$[1\otimes B^{p^{-r}\alpha}]\cdot z = \sum_{i=0}^{n-r} V^{r+i}([z_{r+i}\otimes B^{p^i\alpha}]) \in \mathcal{G}_{n+1}(R) \qquad (*)$$

Sind nun $X=V^r([x\otimes B^{\alpha}])$ und $Y=V^s([y\otimes B^{\beta}])$ zwei Elemente aus $\mathcal{G}_{n+1}(R)$ (dh. $(r,\alpha),(s,\beta)\in I'(n)$), so gilt für $(r,\alpha)\neq(s,\beta)$ nach Definition $X+Y\in\mathcal{G}_{n+1}(R)$. Für $(r,\alpha)=(s,\beta)$ erhalten wir mit (*)

$$X+Y = [1\otimes B^{p^{-r}\alpha}]\cdot(V^r([x])+V^r([y]))\in\mathcal{G}_{n+1}(R).$$

$\mathcal{G}_{n+1}(R)$ ist daher eine Untergruppe von $\prod_n W_{n+1}$ und sogar ein $W_{n+1}(R)$-Untermodul, wie sich aus der Beziehung

$$w\cdot X = [1\otimes B^{p^{-r}\alpha}]\cdot(w\cdot V^r([x]))\in\mathcal{G}_{n+1}(R)$$

für $w \in \mathcal{W}_{n+1}(R)$ ergibt. Ist $(r,\alpha) \in I'(n)$ wie oben und $\gamma \in I_n$ beliebig, und zerlegen wir $\alpha + p^r\gamma$ in der Form $\alpha + p^r\gamma = \sigma + \mu$ mit $\sigma \in I_n$ und $\mu \in \mathbb{Z}^B$ (vgl. 2.1), so gilt $(r,\sigma) \in I'(n)$ und daher

$$[1 \otimes B^{\gamma}] \cdot X = V^r([xB^{\mu} \otimes B^{\sigma}]) \in \mathcal{G}_{n+1}(R)$$

woraus die Behauptungen des Satzes folgen.

Wir bezeichnen mit

$$q_{n+1} : \prod_n \mathcal{W}_{n+1} \longrightarrow \mathcal{C}^B_{n+1}$$

die durch die direkte Summenzerlegung definierte Retraktion der Inklusion $\mathcal{C}^B_{n+1} \subset \prod_n \mathcal{W}_{n+1}$.

2.8 Die Translation T und die Verschiebung V induzieren Gruppenhomomorphismen

$$\iota \circ \prod_{n-1} T : \prod_{n-1} \mathcal{W}_n \longrightarrow \prod_n \mathcal{W}_{n+1}$$

$$\prod_n V : \prod_n \mathcal{W}_{n+1} \longrightarrow \prod_n \mathcal{W}_{n+1}$$

welche wir im Folgenden wieder mit T bzw. V bezeichnen.

2.8.1 Satz: Der Homomorphismus $T : \prod_{n-1} \mathcal{W}_n \to \prod_n \mathcal{W}_{n+1}$ ist mit den direkten Summenzerlegungen von $\prod_{n-1} \mathcal{W}_n$ und $\prod_n \mathcal{W}_{n+1}$ nach Satz 2.7 verträglich:

$$T = T|_{\mathcal{C}^B_n} \oplus T|_{\mathcal{G}_n} : \mathcal{C}^B_n \oplus \mathcal{G}_n \longrightarrow \mathcal{C}^B_{n+1} \oplus \mathcal{G}_{n+1}$$

Beweis: Es gilt $T(V^r([x \otimes B^\alpha])) = V^{r+1}([x \otimes B^\alpha])$; die Behauptung folgt daher aus der Aequivalenz : $(r,\alpha) \in I(n) \Leftrightarrow (r+1,\alpha) \in I(n+1)$ (vgl. die Definition von $I(n)$ in 2.6).

Den Homomorphismus $T|\mathcal{C}^{\mathcal{B}}_{n+1}: \mathcal{C}^{\mathcal{B}}_n \longrightarrow \mathcal{C}^{\mathcal{B}}_{n+1}$ bezeichnen wir mit $\mathfrak{t}$ und nennen ihn auch Translation.

2.8.2 Satz: Der Homomorphismus $V : \prod_n W_{n+1} \longrightarrow \prod_n W_{n+1}$ induziert ein kommutatives Diagramm

$$\begin{array}{ccccccccc}
0 & \longrightarrow & \mathcal{J}_{n+1} & \hookrightarrow & \prod\limits_n W_{n+1} & \xrightarrow{q_{n+1}} & \mathcal{C}^{\mathcal{B}}_{n+1} & \longrightarrow & 0 \\
 & & \downarrow V|\mathcal{J}_{n+1} & & \downarrow V & & \mathfrak{v}\downarrow & & \\
0 & \longrightarrow & \mathcal{J}_{n+1} & \hookrightarrow & \prod\limits_n W_{n+1} & \xrightarrow{q_{n+1}} & \mathcal{C}^{\mathcal{B}}_{n+1} & \longrightarrow & 0
\end{array}$$

und es gilt für $x \in R$, $R \in \underline{M}_{\mathcal{B}}$ und $(r,\alpha) \in I(n)$:

$$\mathfrak{v}(V^r([x \otimes B^\alpha])) = \begin{cases} V^{r+1}([x \otimes B^\alpha]) & \text{für } (r+1,\alpha) \in I(n) \\ 0 & \text{sonst} \end{cases}$$

Beweis: Es gilt $V(V^r([x \otimes B^\alpha])) = V^{r+1}([x \otimes B^\alpha])$. Ist daher $(r,\alpha) \in I'(n)$, so gilt erst recht $(r+1,\alpha) \in I'(n)$, woraus die Behauptungen des Satzes folgen.

Der Beweis des folgenden Zusatzes ergibt sich sofort aus den Definitionen und sei dem Leser als Uebung überlassen.

Zusatz: Die funktoriellen Bilder $\mathfrak{V}^i = \mathfrak{v}^i(\mathcal{C}^{\mathcal{B}}_n)$ von $\mathcal{C}^{\mathcal{B}}_n$ unter $\mathfrak{v}^i$ sind Ideale in $\mathcal{C}^{\mathcal{B}}_n$ und es gilt:

$$\mathfrak{V}^i = V^i(\mathcal{C}^{\mathcal{B}}_n) \cap \mathcal{C}^{\mathcal{B}}_n = V^i(\prod_{n-1} W_n) \cap \mathcal{C}^{\mathcal{B}}_n = \mathfrak{t}^i(\mathcal{C}^{\mathcal{B}}_{n-i}).$$

Bemerkung: Betrachtet man den Fall $\mathfrak{B} = \emptyset$, so gilt offensichtlich $\mathcal{C}_n^{\mathfrak{B}} = \mathcal{W}_n$, $\mathfrak{f} = T$ und $\mathfrak{v} = V$. Wir werden noch öfters auf diesen Spezialfall zurückkommen.

2.9 Im weiteren Verlauf dieses Paragraphen wird die Menge $\mathfrak{B}$ festgehalten, und wir schreiben daher kürzer $\mathcal{C}_n$ an Stelle von $\mathcal{C}_n^{\mathfrak{B}}$.
Für $A \in \underline{M}_{\mathfrak{B}}$ setzen wir $\mathcal{C}_{nA} = \mathcal{C}_n \otimes_{\mathbb{Z}[\mathfrak{B}]} A$.
Die Einbettung $\mathcal{C}_n \subset \prod_{n-1} \mathcal{W}_n$ definiert für jedes $m \in \mathbb{N}$ eine Inklusion

$$\prod_m \mathcal{C}_n \longrightarrow \prod_{m+n-1} \mathcal{W}_n$$

gegeben durch die Komposition

$$\prod_m \mathcal{C}_n \longrightarrow \prod_m \Big(\prod_{n-1} \mathcal{W}_n\Big) \xrightarrow{\sim} \prod_{m+n-1} \mathcal{W}_n$$

und wir können $\prod_m \mathcal{C}_n$ als Unterring von $\prod_{m+n-1} \mathcal{W}_n$ auffassen. Dieser lässt sich folgendermassen direkt beschreiben:

$\mathcal{C}_n(R \otimes \mathbb{Z}[\mathfrak{B}^{p^{-m}}])$ ist der $\mathcal{W}_n(R \otimes \mathbb{Z}[\mathfrak{B}^{p^{-m}}])$-Untermodul von $\mathcal{W}_n(R \otimes \mathbb{Z}[\mathfrak{B}^{p^{-m-n+1}}])$ erzeugt von den Elementen $\{[1 \otimes B^{p^{-m}\alpha}] \mid \alpha \in I_{n-1}\}$ und damit auch der $\mathcal{W}_n(R)$-Untermodul von $\mathcal{W}_n(R \otimes \mathbb{Z}[\mathfrak{B}^{p^{-m-n+1}}])$ erzeugt von den Elementen $\{[1 \otimes B^{\beta}] \mid \beta \in I_{m+n-1}\}$.

Es folgt wie bei Satz 2.6, dass jedes Element $x \in \prod_m \mathcal{C}_n(R)$ eine eindeutig bestimmte Darstellung in der Gestalt

$$x = \sum_{\substack{(r,\alpha) \in I(m+n-1) \\ r < n}} V^r([x_{r\alpha} \otimes B^{\alpha}])$$

hat mit $x_{r\alpha} \in R$.

Wir haben auch hier wieder für jedes $m,k \in \mathbb{N}$ eine kanonische Inklusion

$$\iota : \prod_m \mathcal{C}_n \hookrightarrow \prod_{m+k} \mathcal{C}_n$$

induziert durch die Inklusion $\iota : \prod_{m+n-1} \mathcal{W}_n \hookrightarrow \prod_{m+k+n-1} \mathcal{W}_n$

2.10 Ist $X \in \prod_m \mathcal{C}_n(\mathbb{Z}[\mathcal{B}])$, <u>so bezeichnen wir ebenfalls mit</u> X <u>den Endomorphismus "Multiplizieren mit X"</u> von $\prod_m \mathcal{C}_n$. Mit dieser Notation erhalten wir für jedes $\gamma \in I_m$ einen Gruppenhomomorphismus

$$u_\gamma = [B^{p^{-n+1}\gamma}] \cdot \iota : \mathcal{C}_n \longrightarrow \prod_m \mathcal{C}_n$$

definiert durch $u_\gamma(x) = [B^{p^{-n+1}\gamma}] \cdot x$, und damit einen Homomorphismus

$$u = {}_n u_m : \bigoplus_{I_m} \mathcal{C}_n \longrightarrow \prod_m \mathcal{C}_n$$

von affinen $\mathbb{Z}[\mathcal{B}]$-Gruppen.

<u>Satz</u>: <u>Der Gruppenhomomorphismus</u> ${}_n u_m : \bigoplus_{I_m} \mathcal{C}_n \xrightarrow{\sim} \prod_m \mathcal{C}_n$ <u>ist ein Isomorphismus.</u>

<u>Beweis</u>: a) Surjektivität : Ist $(r,\alpha) \in I(m+n-1)$, $r < n$, so gibt es eine Zerlegung $\alpha = \beta + p^{r-n+1}\gamma$ mit $(r,\beta) \in I(n-1)$ und $\gamma \in I_m$. Wir erhalten daraus

$$V^r([x \otimes B^\alpha]) = [1 \otimes B^{p^{-n+1}\gamma}]\, V^r([x \otimes B^\beta]) \in [1 \otimes B^{p^{-n+1}\gamma}] \cdot \mathcal{C}_n(R)$$

für alle $x \in R$, $R \in \underline{M}_{\mathcal{B}}$.

b) Injektivität: Sei $\sum_{\gamma \in I_m} \left[1 \otimes B^{p^{-n+1}\gamma}\right] \cdot X^{(\gamma)} = 0$ mit $X^{(\gamma)} \in \mathcal{C}_n(R)$, $X^{(\gamma)} = \sum_{(r,\alpha) \in I(n-1)} V^r(\left[x_{r\alpha}^{(\gamma)} \otimes B^{\alpha}\right])$. Wir erhalten daraus

$$\sum_{\substack{(r,\alpha) \in I(n-1) \\ \gamma \in I_m}} V^r(\left[x_{r\alpha}^{(\gamma)} \otimes B^{\alpha + p^{r-n+1}\gamma}\right]) = 0$$

Da die Elemente $\left\{\alpha + p^{r-n+1}\gamma \;\middle|\; (r,\alpha) \in I(n-1),\ \gamma \in I_m\right\}$ alle verschieden sind, folgt aus der Eindeutigkeit der Darstellung (vgl. 2.9), dass $x_{r\alpha}^{(\gamma)} = 0$ und damit $X^{(\gamma)} = 0$ gilt für alle $\gamma \in I_m$.

2.11 Wir wollen nun auch noch die Ringhomomorphismen $R^m : \mathcal{W}_{m+n} \to \mathcal{W}_n$ auf die Schemata $\mathcal{C}_n$ übertragen. Zunächst haben wir folgendes Resultat:

<u>Satz</u>: <u>Der Ringhomomorphismus</u> $\prod_{m+n-1} R^m : \prod_{m+n-1} \mathcal{W}_{m+n} \to \prod_{m+n-1} \mathcal{W}_n$ <u>induziert einen Epimorphismus von Funktoren</u>

$$\psi_m : \mathcal{C}_{m+n} \longrightarrow \prod_m \mathcal{C}_n$$

<u>und die Sequenz</u>

$$0 \longrightarrow \mathcal{C}_m \xrightarrow{\mathcal{V}^n} \mathcal{C}_{m+n} \xrightarrow{\psi_m} \prod_m \mathcal{C}_n \longrightarrow 0$$

<u>ist exakt in den Gruppenfunktoren</u>.

Beweis: Aus der Beschreibung der Elemente von $\mathcal{C}_{m+n}(R)$ und $\prod_m \mathcal{C}_n(R)$ in 2.6 und 2.9 folgt sofort, dass $(\prod_{m+n-1} R^m)(R)$ eine surjektive Abbildung $\psi_m(R) : \mathcal{C}_{m+n}(R) \longrightarrow \prod_m \mathcal{C}_n(R)$ induziert, und dass

$$\mathrm{Ker}(\psi_m(R)) = \left\{ y = \sum_{I(m+n-1)} V^r(\left[y_{r\alpha} \otimes B^{\alpha}\right]) \;\middle|\; y_{r\alpha} = 0 \text{ für } r < n \right\} = \mathcal{V}^n(\mathcal{C}_m(R$$

gilt, was zu zeigen war.

Bemerkung: Aus der Definition geht hervor, dass v_n die Komposition

$$\mathcal{C}_{n+m} \xrightarrow{v} \prod_1 \mathcal{C}_{n+m-1} \xrightarrow{\prod_1 v} \prod_2 \mathcal{C}_{n+m-2} \xrightarrow{\prod_2 v} \cdots \xrightarrow{\prod_{n-2} v} \prod_{n-1} \mathcal{C}_{m+1} \xrightarrow{\prod_{n-1} v} \prod_n \mathcal{C}_m$$

ist.

2.12 Im Folgenden sei $A = \mathbb{F}_p[\mathcal{B}]$ oder $A = k$ ein Körper mit p-Basis $\mathcal{B}$. (Man könnte allgemeiner für A einen Ring mit p-Basis $\mathcal{B}$ nehmen, vgl. die Bemerkung in 2.2.). Dann haben wir eine natürliche Transformation

$$p^k : \prod_{m+k,A} \longrightarrow \prod_{m,A}$$

induziert durch die A-Algebrenhomomorphismen

$$(R \otimes_A A^{p^{-m-k}})_{\rho^{-m-k}} \longrightarrow (R \otimes_A A^{p^{-m}})_{\rho^{-m}}$$

gegeben durch $r \otimes a \longmapsto r^{p^k} \otimes a^{p^k}$. Man erkennt daraus sofort, dass der Homomorphismus

$$p^k : \prod_{m+k} \mathcal{C}_{nA} \longrightarrow \prod_m \mathcal{C}_{nA}$$

induziert ist durch

$$\prod_{m+k+n-1} F^k : \prod_{m+k+n-1} \omega_{nA} \longrightarrow \prod_{m+k+n-1} \omega_{nA}$$

mit F = Frobeniushomomorphismus. Mit diesen Bezeichnungen haben wir dann folgendes Resultat:

Satz: Der Ringhomomorphismus $\prod_{m+n} F \;:\; \prod_{m+n} \mathcal{W}_{nA} \to \prod_{m+n} \mathcal{W}_{nA}$ induziert für $m \geq 0$ einen Garbenepimorphismus

$$\mathfrak{p} : \prod_{m+1} \mathcal{C}_{nA} \longrightarrow \prod_{m} \mathcal{C}_{nA}$$

mit $\mathfrak{p}(k)$ bijektiv für jeden Körper k mit p-Basis $\mathcal{B}$, und für $m = -1$ einen Endomorphismus

$$\varphi : \mathcal{C}_{nA} \longrightarrow \mathcal{C}_{nA}$$

mit $\mathfrak{v} \circ \varphi = p \cdot \mathrm{Id}$.

Beweis: Nach Definition haben wir das kommutative Diagramm

$$\begin{array}{ccc}
\prod_{m+n} \mathcal{W}_{nA} & \xrightarrow{\prod_{m+n} F} & \prod_{m+n} \mathcal{W}_{nA} \\
\cup & & \cup \\
\mathcal{W}_{nA} & \xrightarrow{\;F\;} & \mathcal{W}_{nA}
\end{array}$$

und das Bild von $\prod_{m+1} \mathcal{C}_n(R)$ ist für $m \geq 0$ enthalten in $\prod_m \mathcal{C}_n(R)$, und enthält wegen $F([1 \otimes B^{\alpha}]) = [1 \otimes B^{p\alpha}]$ ein Erzeugendensystem von $\prod_m \mathcal{C}_n(R)$ als $\mathcal{W}_n(R)$-Modul. Da $F : \mathcal{W}_{nA} \to \mathcal{W}_{nA}$ ein Epimorphismus von Garben ist (vgl. 1.2), folgt daraus sofort die Behauptung bis auf die Relation $\mathfrak{v} \circ \varphi = p \cdot \mathrm{Id}$, welche wir dem Satz 2.14 entnehmen.

Durch mehrfache Komposition erhalten wir einen Ringhomomorphismus

$$\mathfrak{p}^m : \prod_m \mathcal{C}_{nA} \longrightarrow \mathcal{C}_{nA}$$

der ein Epimorphismus von Garben ist, mit $\mathfrak{p}(k)$ bijektiv für jeden Körper k mit p-Basis $\mathcal{B}$. Die Zusammensetzung

$$\pi^m = \mathfrak{p}^m \circ r_m : \mathcal{C}_{m+n\,A} \longrightarrow \mathcal{C}_{nA}$$

nennen wir "kanonische Projektion von $\mathcal{C}_{m+n}$ auf $\mathcal{C}_n$". Aus der Konstruktion folgt, dass $\pi(R) : \mathcal{C}_{n+1}(R) \longrightarrow \mathcal{C}_n(R)$ für $R \in \underline{M}_A$ durch den Homomorphismus

$$R \circ F = F \circ R : \mathcal{W}_{n+1}(R \otimes \mathbb{Z}[\mathcal{B}^{p^{-\infty}}]) \longrightarrow \mathcal{W}_n(R \otimes \mathbb{Z}[\mathcal{B}^{p^{-\infty}}])$$

induziert wird (vgl. Bemerkung in 2.11). Insbesondere ist π^n die n-fache Komposition

$$\mathcal{C}_{m+n} \xrightarrow{\pi} \mathcal{C}_{m+n-1} \xrightarrow{\pi} \cdots\cdots \xrightarrow{\pi} \mathcal{C}_{n+1} \xrightarrow{\pi} \mathcal{C}_n .$$

Bemerkung: (vgl. Bemerkung in 2.8) Im Falle $\mathcal{B} = \emptyset$, dh. $A = k$ = perfekter Körper, erhalten wir $\mathcal{C}_{nA} = \mathcal{W}_{nA}$, $\boldsymbol{v} = R$, $\boldsymbol{\varphi} = \boldsymbol{p} = F$ und daher $\pi = F \circ R = R \circ F$. Es bleibt dem Leser überlassen, die folgenden Behauptungen an diesem Spezialfall zu "testen".

2.13 Ist A wie in 2.12, $x \in \mathcal{C}_n(A)$, so bezeichnen wir ebenfalls mit x den Endomorphismus "Multiplizieren mit x" von $\mathcal{C}_{nA}$.

Satz: In End $\mathcal{C}_{nA}$ gelten folgende Relationen für $x \in \mathcal{C}_n(A)$, $m \geq 0$:

(i) $\varphi \circ x = \varphi(x) \circ \varphi$

(ii) $x \circ \boldsymbol{v} = \boldsymbol{v} \circ \varphi(x)$

(iii) $\boldsymbol{v}^m \circ x \circ \varphi^m = \boldsymbol{v}^m(x)$

Speziell gilt $\boldsymbol{v}^m \circ \varphi^m = p^m$.

Beweis: Für $R \in \underline{M}_A$, $x,y \in \mathcal{W}_n(R)$ gilt nach 1.5 :

$$V^m(F^m y \cdot x) = y \cdot V^m(x) .$$

Nach Definition ist $\upsilon^m = q_n \circ V^m | \mathcal{C}_{nA}$ und $\varphi^m = F^m | \mathcal{C}_n$. Wir erhalten daher

$$\upsilon^m \circ (\varphi^m(y) \cdot x) = y \cdot \upsilon^m(x)$$

für $x,y \in \mathcal{C}_n(R)$, unter Verwendung der $\mathcal{C}_n(R)$-Linearität von q_n. Man erhält daraus alle Behauptungen des Satzes, wenn man noch die Beziehung $\upsilon^m(1) = p^m$ beachtet.

Lemma: Das Diagramm

$$\begin{array}{ccc} \mathcal{C}_{n+s\,A} & & \\ \downarrow \pi^s & \overset{p^s \cdot Id}{\searrow} & \\ \mathcal{C}_{nA} & \xrightarrow{\tau^s} & \mathcal{C}_{n+s\,A} \end{array}$$

ist kommutativ, und für $x \in \mathcal{C}_{n+s}(R)$, $y \in \mathcal{C}_n(R)$, $R \in \underline{M}_A$ gilt:

$$\tau^s(\pi^s(x) \cdot y) = x \cdot \tau^s(y) \qquad (*)$$

Beweis: a) Nach Konstruktion ist $\pi^s(R) : \mathcal{C}_{n+s}(R) \longrightarrow \mathcal{C}_n(R)$ für $R \in \underline{M}_A$ induziert durch $R^s \circ F^s : \mathcal{W}_{n+s}(R \otimes_A A^{p^{-n-s+1}}) \to \mathcal{W}_n(R \otimes_A A^{p^{-n-s+1}}$

und daher $\tau^s(R) \circ \pi^s(R)$ induziert durch $T^s \circ R^s \circ F^s = V^s \circ F^s =$ $= p^s \cdot Id$, woraus die erste Behauptung folgt (vgl. 1.5).

b) Da $\pi^s : \mathcal{C}_{n+s\,A} \longrightarrow \mathcal{C}_{nA}$ ein Epimorphismus ist, genügt es, die Relation (*) für Elemente $y \in \mathcal{C}_n(R)$ der Gestalt $y = \pi^s(y')$ mit $y' \in \mathcal{C}_{n+s}(R)$ nachzuweisen. Dann gilt aber nach a)

$$\tau^s(\pi^s(x) \cdot y) = \tau^s(\pi^s(x \cdot y')) = p^s \cdot x \cdot y' = x \cdot \tau^s(\pi^s(y')) = x \cdot \tau^s(y)$$

und damit die Behauptung.

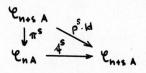

<u>Folgerung</u>: Die Untergruppen $\varphi^s(\mathcal{C}_{nA})$ <u>und</u> Ker π^s <u>von</u> $\mathcal{C}_{n+sA}$ sind stabil unter allen Endomorphismen von $\mathcal{C}_{n+sA}$ <u>und die beiden</u> <u>Abbildungen</u> $\pi^s: \mathcal{C}_{n+sA} \longrightarrow \mathcal{C}_{nA}$ <u>und</u> $\varphi^s: \mathcal{C}_{nA} \longrightarrow \mathcal{C}_{n+sA}$ <u>induzieren den gleichen Homomorphismus</u> End $\mathcal{C}_{n+sA} \longrightarrow$ End $\mathcal{C}_{nA}$

Wir werden in §4 noch genauer auf die Endomorphimenringe der $\mathcal{C}_{nA}$ eingehen und insbesondere zeigen, dass sie über $\mathcal{C}_n(A)$ von υ und φ erzeugt werden.

<u>Bemerkung</u>: Das obige Lemma besagt auch, dass die beiden $\mathcal{C}_{n+sA}$-Modul-strukturen auf $\mathcal{C}_{nA}$ gegeben durch $\pi^s: \mathcal{C}_{n+sA} \longrightarrow \mathcal{C}_{nA}$ und $\varphi^s: \mathcal{C}_{nA} \longrightarrow \mathcal{C}_{n+sA}$ übereinstimmen.

2.14 Für später brauchen wir noch einige Vertauschungsrelationen zwischen den Homomorphismen υ, φ, ρ, $\varkappa$, π und u, welche in folgendem Satz zusammengestellt sind.

<u>Satz</u>: Die Homomorphismen $\varkappa$, ρ <u>und</u> π sind mit den Homomorphis-men υ, φ <u>und</u> u "vertauschbar", dh. die folgenden Diagramme <u>sind kommutativ</u> : (Wir schreiben überall $\mathcal{C}_n$ an Stelle von $\mathcal{C}_{nA}$)

$$
\varprod_m \pi \left(
\begin{array}{ccccc}
\varprod_m \mathcal{C}_{n+1} & \xrightarrow{\varprod_m \upsilon} & \varprod_m \mathcal{C}_{n+1} & \xrightarrow{\varprod_m \varphi} & \varprod_m \mathcal{C}_{n+1} \\
\downarrow{\scriptstyle\varprod_m \varkappa} & & \downarrow{\scriptstyle\varprod_m \varkappa} & & \downarrow{\scriptstyle\varprod_m \varkappa} \\
\varprod_{m+1} \mathcal{C}_n & \xrightarrow{\varprod_{m+1} \upsilon} & \varprod_{m+1} \mathcal{C}_n & \xrightarrow{\varprod_{m+1} \varphi} & \varprod_{m+1} \mathcal{C}_n \\
\downarrow{\scriptstyle\rho} & & \downarrow{\scriptstyle\rho} & & \downarrow{\scriptstyle\rho} \\
\varprod_m \mathcal{C}_n & \xrightarrow{\varprod_m \upsilon} & \varprod_m \mathcal{C}_n & \xrightarrow{\varprod_m \varphi} & \varprod_m \mathcal{C}_n
\end{array}
\right) \varprod_m \pi \quad (1)
$$

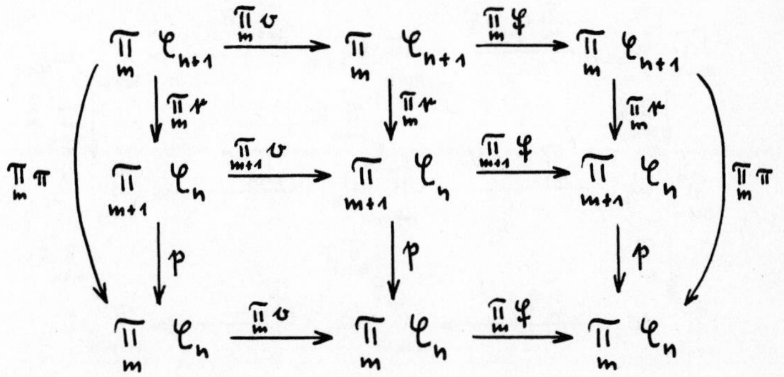

$$\begin{array}{ccccccc}
\bigoplus_{I_m} \mathcal{C}_{n+1} & \xrightarrow{\bigoplus_{I_m} v} & \bigoplus_{I_m} \prod_1 \mathcal{C}_n & \xrightarrow{\bigoplus_{I_m} p} & \bigoplus_{I_m} \mathcal{C}_n & \xrightarrow{\bigoplus_{I_m} 4} & \bigoplus_{I_m} \mathcal{C}_{n+1} \\
\wr\downarrow u & & \wr\downarrow \prod_1 u & & \wr\downarrow u & & \wr\downarrow u \\
\prod_m \mathcal{C}_{n+1} & \xrightarrow{\prod_m v} & \prod_{m+1} \mathcal{C}_n & \xrightarrow{p} & \prod_m \mathcal{C}_n & \xrightarrow{\prod_m 4} & \prod_m \mathcal{C}_{n+1}
\end{array} \qquad (2)$$

$$\begin{array}{ccccccccc}
0 & \longrightarrow & \mathcal{C}_{m+1} & \xrightarrow{4^n} & \mathcal{C}_{m+n+1} & \xrightarrow{v_{m+1}} & \prod_{m+1} \mathcal{C}_n & \longrightarrow & 0 \\
 & & \downarrow v & & \downarrow v & & \wr\downarrow \mathrm{id} & & \\
0 & \longrightarrow & \prod_1 \mathcal{C}_m & \xrightarrow{\prod_1 4^m} & \prod_1 \mathcal{C}_{m+n} & \xrightarrow{\prod_1 v_m} & \prod_{m+1} \mathcal{C}_n & \longrightarrow & 0 \\
 & & \downarrow p & & \downarrow p & & \downarrow p & & \\
0 & \longrightarrow & \mathcal{C}_n & \xrightarrow{4^n} & \mathcal{C}_{m+n} & \xrightarrow{v_m} & \prod_m \mathcal{C}_n & \longrightarrow & 0
\end{array} \qquad (3)$$

<u>Beweis</u>: Wir wollen den Beweis nur andeuten und die genaue Durchführung dem Leser überlassen.

Die Kommutativität von (1) ergibt sich aus dem kommutativen Diagramm:

$$\begin{array}{ccccc}
\prod_{m+n} W_{n+1} & \xrightarrow{\prod_m q_{n+1} \circ V} & \prod_{m+n} W_{n+1} & \xrightarrow{\prod_{m+n} F} & \prod_{m+n} W_{n+1} \\
\downarrow \prod_{m+n} R & & \downarrow \prod_{m+n} R & & \downarrow \prod_{m+n} R \\
\prod_{m+n} W_n & \xrightarrow{\prod_{m+1} q_n \circ V} & \prod_{m+n} W_n & \xrightarrow{\prod_{m+n} F} & \prod_{m+n} W_n \\
\downarrow \prod_{m+n} F & & \downarrow \prod_{m+n} F & & \downarrow \prod_{m+n} F \\
\prod_{m+n-1} W_n & \xrightarrow{\prod_m q_n \circ V} & \prod_{m+n-1} W_n & \xrightarrow{\prod_{m+n-1} F} & \prod_{m+n-1} W_n
\end{array}$$

Die Kommutativität von (2) erhält man aus dem kommutativen Diagramm :

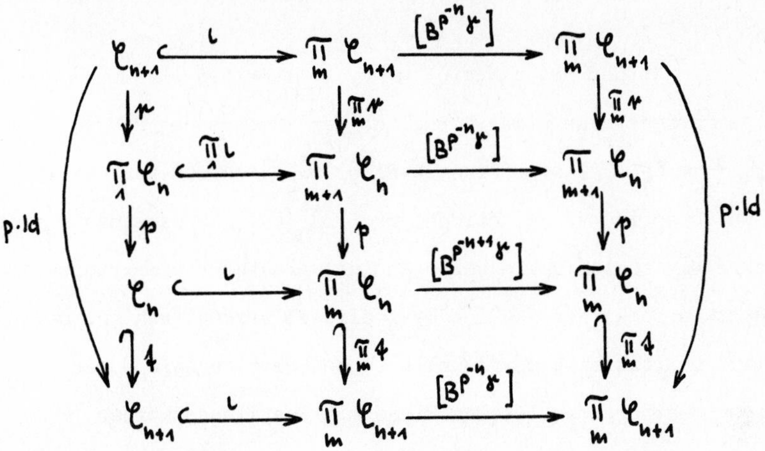

(verwende Lemma 2.13) und (3) folgt aus den Beziehungen

$R \circ T = T \circ R$ und $T \circ F = F \circ T$.

2.15 <u>Uebungsaufgabe</u>:

Sei k ein Körper mit p-Basis $\mathfrak{B}$, R eine $k^{p^{-n}}$-Algebra und ${}_kR$ die unterliegende k-Algebra (definiert durch die Inklusion $k \hookrightarrow k^{p^{-n}}$).

<u>Dann gibt es einen Isomorphismus</u>

$$\mathcal{C}_{n+1}({}_kR) \xrightarrow{\sim} \omega_{n+1}(R)\ [X_b \mid b \in \mathfrak{B}] \big/ (\{X_b^{p^n}, pX_b^{p^{n-1}}, \ldots, p^n X_b \mid b \in \mathfrak{B}\})$$

induziert durch $[b] \longmapsto X_b + [b^{p^{-n}}]$ und <u>ein kommutatives Diagramm</u>

$$\begin{array}{ccc} \mathcal{C}_{n+1}({}_kR) \xrightarrow{\sim} & \omega_{n+1}(R)\ [X_b \mid b \in \mathfrak{B}] \big/ (\{X_b^{p^n}, pX_b^{p^{n-1}}, \ldots, p^n X_b \mid b \in \mathfrak{B}\}) \\ \big\downarrow \pi({}_kR) & \big\downarrow \omega \\ \mathcal{C}_n({}_kR) \xrightarrow{\sim} & \omega_n(R)\ [X_b \mid b \in \mathfrak{B}] \big/ (\{X_b^{p^{n-1}}, \ldots, p^{n-1} X_b \mid b \in \mathfrak{B}\}) \end{array}$$

wobei ω durch $r \longmapsto RFr$, $r \in \omega_{n+1}(R)$, und $X_b \longmapsto X_b$ induziert wird.

§3. Das Cohenschema $\mathcal{C}_k$

Ist k ein Körper mit p-Basis $\mathcal{B}$, so erhalten wir durch Uebergang zum projektiven Limes bezüglich der kanonischen Projektionen $\pi : \mathcal{C}_{n+1\,k} \longrightarrow \mathcal{C}_{n\,k}$ einen affinen k-Ring $\mathcal{C}_k$, dessen rationale Punkte einen Cohenring zu k bilden, dh. $\mathcal{C}_k(k)$ ist, versehen mit der prodiskreten Topologie, ein vollständiger diskreter Bewertungsring mit Restklassenkörper k und Maximalideal erzeugt von p. Der Ring $\mathcal{C}_k(k)$ besitzt eine universelle Eigenschaft bezüglich der vollständigen Noetherschen lokalen Ringe mit Restklassenkörper k, entsprechend der universellen Eigenschaft der Wittschen Vektoren $W(k)$ für einen perfekten Körper k. In Verallgemeinerung des Teichmüller-Schnittes $\tau : \alpha_k \longrightarrow W_k$ zeigen wir, dass die Einseinheiten $1 + p\cdot\mathcal{C}_k \subset \mathcal{C}_k^*$ ein direkter Faktor in der vollen Einheitengruppe $\mathcal{C}_k^*$ sind.

In diesem Paragraphen ist $A = \mathbb{F}_p[\mathcal{B}]$ der Grundring, und wir schreiben meistens nur $\mathcal{C}_n$ an Stelle von $\mathcal{C}_{n\,A}$. Zur Unterscheidung bedeutet dann $\mathcal{C}_n^{\mathcal{B}}$ das über $\mathbb{Z}[\mathcal{B}]$ definierte Ringschema.

3.1 Durch Uebergang zum projektiven Limes bezüglich der kanonischen Projektionen $\pi : \mathcal{C}_{n+1\,A} \longrightarrow \mathcal{C}_{n\,A}$ erhalten wir einen affinen A-Ring

$$\mathcal{C}_A = \mathcal{C} = \varprojlim_n \mathcal{C}_{n\,A}$$

Der A-Ring $\mathcal{C}_A$ ist proglatt (dh. projektiver Limes von glatten

Schemata) <u>und die kanonischen Projektionen</u>

$$\pi_n : \mathcal{C}_A \longrightarrow \mathcal{C}_{nA}$$

<u>definieren für jeden Körper</u> k <u>mit p-Basis</u> $\mathfrak{B}$ <u>einen surjektiven Ringhomomorphismus</u>

$$\pi_n(k) \; : \; \mathcal{C}(k) \longrightarrow \mathcal{C}_n(k)$$

(vgl. Satz 2.11 und Satz 2.12).

Nach den Vertauschungsregeln 2.14 induzieren die Homomorphismen $\mathfrak{s} : \mathcal{C}_n \longrightarrow \mathcal{C}_{n+1}$ und $\mathfrak{v}, \mathfrak{f} : \mathcal{C}_n \longrightarrow \mathcal{C}_n$ Endomorphismen

$$\mathfrak{s}, \mathfrak{v}, \mathfrak{f} \; : \; \mathcal{C} \longrightarrow \mathcal{C}$$

welche wir ebenfalls mit $\mathfrak{s}$, $\mathfrak{v}$ und $\mathfrak{f}$ bezeichnen.

Entsprechend wie oben definieren wir für jedes $n > 0$

$$\hat{\mathcal{C}}_{nA} = \hat{\mathcal{C}}_n = \varprojlim_m \prod_m \mathcal{C}_{nA}$$

wobei der Limes bezüglich der Homomorphismen $p : \prod_{m+1} \mathcal{C}_n \longrightarrow \prod_m \mathcal{C}_n$ zu nehmen ist. <u>Die</u> $\hat{\mathcal{C}}_n$ <u>sind proglatte affine A-Ringe und die kanonischen Projektionen</u>

$$p_m : \hat{\mathcal{C}}_n \longrightarrow \prod_m \mathcal{C}_n$$

<u>induzieren für jeden Körper</u> k <u>mit p-Basis</u> $\mathfrak{B}$ <u>Isomorphismen</u>

$$p_m(k) : \hat{\mathcal{C}}_n(k) \xrightarrow{\sim} \prod_m \mathcal{C}_n(k)$$

<u>und insbesondere einen Isomorphismus</u> $p_o(k) : \hat{\mathcal{C}}_n(k) \xrightarrow{\sim} \mathcal{C}_n(k)$

(vgl. Satz 2.12).

Auch hier haben wir wieder induzierte Homomorphismen

$$f : \hat{\mathcal{C}}_n \longrightarrow \hat{\mathcal{C}}_{n+1} \quad \text{und} \quad v, \varphi : \hat{\mathcal{C}}_n \longrightarrow \hat{\mathcal{C}}_n$$

und aus den Ringhomomorphismen $r_m : \mathcal{C}_{m+n} \longrightarrow \prod_m \mathcal{C}_n$

erhalten wir durch Uebergang zum projektiven Limes Epimorphismen

$$\hat{r}_n : \mathcal{C} \longrightarrow \hat{\mathcal{C}}_n$$

mit $\hat{r}_n(k)$ surjektiv für jeden Körper k mit p-Basis $\mathcal{B}$.

Bemerkung: Betrachten wir wieder den Fall $\mathcal{B} = \emptyset$, also $A = k =$ perfekter Körper, so erhalten wir $\mathcal{C}_k = \overset{\infty}{W}_k$, wobei $\overset{\infty}{W}_k$ der projektive Limes des Systems

$$\cdots \xrightarrow{F} W_k \xrightarrow{F} W_k \xrightarrow{F} W_k \xrightarrow{F} W_k$$

ist (Bemerkung 2.12). Nach [2] V, §3, 4.4 ist $\overset{\infty}{W}_k$ die proinfinitesimale universelle Ueberlagerung von W_k.

Bemerkung: Für ein festes m erhält man aus den Homomorphismen $p^m : \prod_m \mathcal{C}_n \longrightarrow \mathcal{C}_n$ durch Uebergang zum projektiven Limes bezüglich n einen Isomorphismus $\prod_m \mathcal{C} \xrightarrow{\sim} \mathcal{C}$. Der Beweis sei dem Leser als Uebung überlassen.

3.2 Satz: In $\mathcal{C}_A$ gilt $f^n = p^n \cdot \mathrm{Id}$, und wir haben die exakte Sequenz

$$0 \longrightarrow \mathcal{C} \xrightarrow{p^n \cdot \mathrm{Id}} \mathcal{C} \xrightarrow{\hat{r}_n} \hat{\mathcal{C}}_n \longrightarrow 0 .$$

Beweis: Aus Satz 2.11 erhalten wir durch Uebergang zum projektiven Limes die exakte Sequenz

$$0 \longrightarrow \mathcal{C} \xrightarrow{\varphi^n} \mathcal{C} \xrightarrow{\hat{\pi}_n} \hat{\mathcal{C}}_n \longrightarrow 0$$

und die Beziehung $\varphi^n = p^n \cdot \mathrm{Id}$ folgt aus Lemma 2.13.

Bemerkung: Aus obigem Satz erhält man die exakten Sequenzen

$$0 \longrightarrow \hat{\mathcal{C}}_m \xrightarrow{\varphi^n} \hat{\mathcal{C}}_{m+n} \xrightarrow{\pi_m} \hat{\mathcal{C}}_n \longrightarrow 0$$

welche sich auch als projektive Limiten aus den exakten Sequenzen

$$0 \longrightarrow \prod_i \mathcal{C}_m \xrightarrow{\prod_i \varphi^n} \prod_i \mathcal{C}_{m+n} \xrightarrow{\prod_i \pi_m} \prod_{i+m} \mathcal{C}_n \longrightarrow 0$$

gewinnen lassen.

3.3 Nach der Definition von $\pi : \mathcal{C}_{n+1} \longrightarrow \mathcal{C}_n$ gilt für jedes $\alpha \in I_n$: $\pi([B^\alpha]) = [B^{p\alpha}]$. Um die entsprechenden Elemente in $\mathcal{C}$ zu beschreiben, führen wir folgende Bezeichnungen ein:

$$J_n = p^n I_n = \{\alpha = (\alpha_b) \in \mathbb{Z}^{\mathcal{B}} \mid 0 \leq \alpha_b < p^n\},$$

$$J_\infty = \bigcup_{n=0}^{\infty} J_n = \mathbb{N}^{\mathcal{B}} \subset J = \mathbb{Z}^{\mathcal{B}}$$

Ist dann $\alpha \in J_\infty$, so ist $B^{p^{-n}\alpha} \in \mathbb{Z}[\mathcal{B}^{p^{-n}}]$ und es gilt für $\pi : \mathcal{C}_{n+1} \longrightarrow \mathcal{C}_n$:

$$\pi([B^{p^{-n}\alpha}]) = [B^{p^{-n+1}\alpha}]$$

Wir definieren daher für $\alpha \in J_\infty$ das Element $[B^\alpha] \in \mathcal{C}(A)$ als die Folge

$$\left([B^{p^{-n}\alpha}] \in \mathcal{C}_{n+1}(A)\right)_{n=0}^{\infty} .$$

Es gilt also $\pi_{n+1}([B^{\alpha}]) = [B^{p^{-n}\alpha}] \in \mathcal{C}_{n+1}(A)$ und wir haben die üblichen Rechenregeln $[B^{\alpha}]\cdot[B^{\beta}] = [B^{\alpha+\beta}]$ für $\alpha,\beta \in J_{\infty}$. Speziell erhalten wir $\pi_1([B^{\alpha}]) = B^{\alpha} \in A = \mathcal{C}_1(A)$ und die Elemente $[b] = \varprojlim_n [b^{p^{-n}}]$ für $b \in \mathcal{B}$ bilden <u>ein vollständiges Urbildsystem von</u> $\mathcal{B} \subset A$ <u>in</u> $\mathcal{C}(A)$ <u>unter</u> $\pi_1(A)$.

Wir verwenden auch die gleichen Bezeichnungen für die Bilder der $[B^{\alpha}]$ in $\hat{\mathcal{C}}_n(A)$ unter den Homomorphismen $\hat{\varphi}_n$.

3.4 Betrachten wir für ein festes $m \geqslant 0$ die Isomorphismen (2.10)

$$ {}_n\mathfrak{u} = {}_n\mathfrak{u}_m : \bigoplus_{I_m} \mathcal{C}_n \xrightarrow{\sim} \prod_m \mathcal{C}_n $$

so erhalten wir nach den Vertauschungsrelationen 2.14 für jedes $n > 0$ ein kommutatives Diagramm

$$\begin{array}{ccccc}
\bigoplus_{I_m} \mathcal{C}_{n+1} & \xrightarrow[\sim]{{}_{n+1}\mathfrak{u}} & \prod_m \mathcal{C}_{n+1} & \xrightarrow{p^m} & \mathcal{C}_{n+1} \\
\Big\downarrow \bigoplus_{I_m}\pi & & \Big\downarrow \prod_m \pi & & \Big\downarrow \pi \\
\bigoplus_{I_m} \mathcal{C}_n & \xrightarrow[\sim]{{}_n\mathfrak{u}} & \prod_m \mathcal{C}_n & \xrightarrow{p^m} & \mathcal{C}_n
\end{array}$$

Aus den Definitionen folgert man sofort, dass für die o-Komponente $\mathfrak{u}_o = \iota : \mathcal{C}_n \longrightarrow \prod_m \mathcal{C}_n$ von ${}_n\mathfrak{u}$ gilt: $p^m \circ \mathfrak{u}_o = \varphi^m$. Da die p^m beim Uebergang zum projektiven Limes einen Isomorphismus induzieren (vgl. Bemerkung am Schluss von 3.1), <u>erhalten wir einen Isomorphismus</u>

$$ \mathfrak{u} : \bigoplus_{J_m} \mathcal{C} \xrightarrow{\sim} \mathcal{C} $$

dessen Komponente $\mathfrak{u}_{\gamma}$ für $\gamma \in J_m$ die Gestalt $\mathfrak{u}_{\gamma} = [B^{\gamma}]\cdot\varphi^m$ hat.

Wir haben damit folgenden Satz bewiesen:

Satz: Für vorgegebenes $m \geq 0$ induzieren die Homomorphismen

$$\mathfrak{u}_\gamma = [B^\gamma] \cdot \varphi^m \; : \; \mathcal{C} \longrightarrow \mathcal{C} \qquad \text{für} \quad \gamma \in J_m$$

einen Isomorphismus

$$\mathfrak{u} : \bigoplus_{J_m} \mathcal{C} \xrightarrow{\;\sim\;} \mathcal{C}$$

Insbesondere ist $\varphi : \mathcal{C} \longrightarrow \mathcal{C}$ ein Monomorphismus und jedes Element $x \in \mathcal{C}(R)$, $R \in \underline{M}_A$ hat eine eindeutig bestimmte Darstellung in der Gestalt

$$x = \sum_{\gamma \in J_m} \varphi^m(x_\gamma) \cdot [B^\gamma]$$

mit $x_\gamma \in \mathcal{C}(R)$.

Bemerkung: Entsprechend wie oben zeigt man, dass die Homomorphismen

$$\hat{\mathfrak{u}}_\gamma = [B^\gamma] \cdot \varphi^m \; : \; \hat{\mathcal{C}}_n \longrightarrow \hat{\mathcal{C}}_n$$

für $\gamma \in J_m$ einen Isomorphismus

$$\hat{\mathfrak{u}} : \bigoplus_{J_m} \hat{\mathcal{C}}_n \xrightarrow{\;\sim\;} \hat{\mathcal{C}}_n$$

induzieren. Der Beweis sei dem Leser als Uebung überlassen.

3.5 Nach dem Zusatz in 2.8 sind die Untergruppen $\mathfrak{V}^i_n = \mathfrak{F}^i(\mathcal{C}_{n-i})$ von $\mathcal{C}_n$ Ideale in $\mathcal{C}_n$. Wir erhalten daher durch Uebergang zum projektiven Limes Ideale

$$\mathfrak{V}^i = \varprojlim_n \mathfrak{V}^i_n \subset \mathcal{C}$$

und es gilt:

$$\mathfrak{V}^i = \mathfrak{F}^i(\mathcal{C}) = v^i(\mathcal{C}) = \mathrm{Im}(p^i : \mathcal{C} \to \mathcal{C}) = \mathrm{Ker}(\hat{\pi}_i : \mathcal{C} \to \hat{\mathcal{C}}_i).$$

Zudem induziert das Multiplizieren mit p^i einen Isomorphismus

$$\mathfrak{C} \xrightarrow{\sim} \mathfrak{V}^i$$

und es gilt daher für $R \in \underline{\mathfrak{M}}_A$

$$\mathfrak{V}^i(R) = p^i \cdot \mathfrak{C}(R)$$

3.6 Ist k ein Körper mit p-Basis $\mathfrak{B}$ und versehen wir die Ringe $\mathfrak{C}_n(k)$ mit der diskreten Topologie, so erhalten wir auf $\mathfrak{C}(k) = \varprojlim_n \mathfrak{C}_n(k)$ eine Topologie (Limestopologie), welche prodiskrete Topologie genannt wird (vgl. [2] III, §5, 4.6 oder V, §3, 1.2)

Satz: Ist k ein Körper mit p-Basis $\mathfrak{B}$, so ist $\mathfrak{C}(k)$ versehen mit der prodiskreten Topologie ein vollständiger diskreter Bewertungsring mit Restklassenkörper isomorph zu k und Maximalideal erzeugt von p.

Beweis: Nach Satz 3.2 erhalten wir wegen $\hat{\mathfrak{C}}_1(k) \xrightarrow{\sim} \mathfrak{C}_1(k) = k$ (3.1) die exakte Sequenz

$$0 \longrightarrow \mathfrak{C}(k) \xrightarrow{p\cdot} \mathfrak{C}(k) \longrightarrow k \longrightarrow 0$$

Das Ideal $\mathfrak{V}(k) = p \cdot \mathfrak{C}(k)$ ist daher ein Maximalideal mit Restklassenkörper isomorph zu k. Folglich ist auch $p \cdot \mathfrak{C}_n(k)$ ein Maximalideal von $\mathfrak{C}_n(k)$ und $\mathfrak{C}_n(k)$ ist wegen $p^n \cdot \mathfrak{C}_n(k) = 0$ ein lokaler artinscher Ring. Da p nach Satz 3.2 kein Nullteiler in $\mathfrak{C}(k)$ ist, folgen hieraus die Behauptungen.

Aus 3.3 erhalten wir noch folgenden Zusatz :

Zusatz: Die Elemente $[b] \in \mathcal{C}(k)$, $b \in \mathcal{B}$ bilden ein vollständiges Repräsentatensystem der p-Basis $\mathcal{B} \subset k$.

3.7 Einen vollständigen diskreten Bewertungsring C mit Restklassenkörper isomorph zu k und Maximalideal erzeugt von p nennt man auch Cohenring zu k.

Wir wollen nun zeigen, dass diese Cohenringe eine universelle Eigenschaft bezüglich der vollständigen Noetherschen lokalen Ringe besitzen, entsprechend dem Satz von Teichmüller-Witt für $\mathcal{W}(k)$ im Falle eines perfekten Körpers k (vgl. [2] V, §4, 2.1).

Nach Definition der Wittschen Vektoren $\mathcal{W}_{n+1\,\mathbb{Z}}$ ist die Abbildung ("Geisterkomponente" vgl. 1.5)

$$\Phi_{n+1} : \mathcal{W}_{n+1\,\mathbb{Z}} \longrightarrow \mathcal{W}_{1\,\mathbb{Z}} = \alpha_{\mathbb{Z}}$$

gegeben durch

$$\Phi_{n+1}((r_o,\dots,r_n)) = \sum_{i=0}^{n} p^i \cdot r_i^{p^{n-i}}$$

für $(r_o,..,r_n) \in \mathcal{W}_{n+1}(R)$, $R \in \underline{M}$, ein Ringhomomorphismus. Betrachten wir den Ringhomomorphismus

$$\prod_n \Phi_{n+1} : \prod_n \mathcal{W}_{n+1} \longrightarrow \prod_n \mathcal{W}_1$$

und schränken ihn ein auf $\mathcal{C}^{\mathcal{B}}_{n+1} \subset \prod_n \mathcal{W}_{n+1}$, so erhalten wir wegen

$$\Phi_{n+1}(V^r([x \otimes B^\alpha])) = p^r \cdot (x \otimes B^\alpha)^{p^{n-r}} = p^r \cdot x^{p^{n-r}} \cdot B^{p^{n-r}\alpha} \otimes 1$$

für $(r,\alpha) \in I(n)$ und $x \in R$, $R \in \underline{M}_{\mathcal{B}}$ einen Ringhomomorphismus von $\mathbb{Z}[\mathcal{B}]$-Ringen

$$\Psi_{n+1} : \mathcal{C}^{\mathcal{B}}_{n+1} \longrightarrow \mathcal{C}^{\mathcal{B}}_{1}$$

Satz (universelle Eigenschaft der Cohenringe) : Ist k ein Körper mit p-Basis $\mathcal{B}$, S ein vollständiger Noetherscher lokaler Ring mit Restklassenkörper k, $pr: S \to k$ die Projektion und $\{s_b \in S \mid b \in \mathcal{B}\}$ ein Urbildsystem der p-Basis $\mathcal{B} \subset k$, so gibt es genau einen Ringhomomorphismus

$$\varphi : \mathcal{C}(k) \longrightarrow S$$

mit $\varphi([b]) = s_b$ für $b \in \mathcal{B}$ und $pr \circ \varphi = \pi_1(k)$.

Beweis: Existenz von φ : Wir betrachten die $\mathbb{Z}[\mathcal{B}]$-Algebrastruktur auf S gegeben durch $b \mapsto s_b$ für $b \in \mathcal{B}$, und erhalten einen Ringhomomorphismus

$$\Psi_{n+1} : \mathcal{C}^{\mathcal{B}}_{n+1}(S) \longrightarrow S$$

Die Abbildungen $p_{n+1} = \mathcal{C}^{\mathcal{B}}_{n+1}(pr) : \mathcal{C}_{n+1}(S) \longrightarrow \mathcal{C}_{n+1}(k)$ sind surjektiv und die Kerne $\operatorname{Ker} p_{n+1}$ werden als Gruppen erzeugt von den Elementen $V^r([y \otimes B^{\alpha}])$ mit $(r,\alpha) \in I(n)$ und $y \in \mathfrak{m} = \operatorname{Ker} pr =$ Maximalideal von S. Nun gilt aber

$$\Psi_{n+1}(V^r([y \otimes B^{\alpha}])) = p^r \cdot y^{p^{n-r}} \cdot B^{p^{n-r}\alpha} \in \mathfrak{m}^{n+1}$$

und wir erhalten daher ein kommutatives Diagramm

$$\begin{array}{ccc}
\mathcal{C}^{\mathcal{B}}_{n+1}(S) & \xrightarrow{\Psi_{n+1}(S)} & S \\
\downarrow{\scriptstyle p_{n+1}} & & \downarrow{\scriptstyle \text{kan.}} \\
\mathcal{C}^{\mathcal{B}}_{n+1}(k) & \overset{\varphi_{n+1}}{\dashrightarrow} & S/\mathfrak{m}^{n+1}
\end{array}$$

für jedes $n \geqslant 0$, und auch die Diagramme

$$\begin{array}{ccc} \mathcal{C}^{\mathcal{B}}_{n+1}(k) & \xrightarrow{\varphi_{n+1}} & S/\mathfrak{m}^{n+1} \\ \downarrow{\scriptstyle \pi(k)} & & \downarrow{\scriptstyle \text{kan.}} \\ \mathcal{C}^{\mathcal{B}}_{n}(k) & \xrightarrow{\varphi_n} & S/\mathfrak{m}^n \end{array}$$

sind kommutativ. Die φ_n induzieren daher durch Uebergang zum projektiven Limes einen Homomorphismus $\varphi : \mathcal{C}(k) \longrightarrow S$ mit den gewünschten Eigenschaften.

<u>Eindeutigkeit</u> : Sind $\varphi, \varphi' : \mathcal{C}(k) \longrightarrow S$ zwei Ringhomomorphismen mit den verlangten Eigenschaften, so genügt es zu zeigen, dass die induzierten Homomorphismen $\varphi_n, \varphi'_n : \mathcal{C}_n(k) \longrightarrow S/\mathfrak{m}^n$ für alle $n > 0$ übereinstimmen. Sei $\varphi_n = \varphi'_n$ für ein $n > 0$. Dann induziert $\varphi_{n+1} - \varphi'_{n+1}$ ein kommutatives Diagramm

$$\begin{array}{ccc} \mathcal{C}_{n+1}(k) & \longrightarrow & \mathfrak{m}^n/\mathfrak{m}^{n+1} \\ \downarrow{\scriptstyle \pi^n(k)} & \nearrow{\scriptstyle \delta} & \\ k & & \end{array}$$

und man sieht leicht, dass δ eine k-Derivation in den k-Vektorraum $\mathfrak{m}^n/\mathfrak{m}^{n+1}$ ist. Da jede k-Derivation durch ihre Werte auf einer p-Basis eindeutig festgelegt ist (vgl. [9] II, §17, Corollary 4 zu Theorem 39), erhalten wir wegen $\varphi([b]) = \varphi'([b])$, dass $\delta = 0$ und daher $\varphi_{n+1} = \varphi'_{n+1}$ gilt. Nach Voraussetzung haben wir $\varphi_1 = \varphi'_1$ und die Behauptung folgt durch Induktion über n .

3.8 Ist $\mathcal{R}$ ein Ringschema, <u>so bezeichnen wir wie üblich mit</u> $\mathcal{R}^*$ <u>das Gruppenschema der invertierbaren Elemente von</u> $\mathcal{R}$ dh. $\mathcal{R}^*(R) = \mathcal{R}(R)^*$ = Einheiten von $\mathcal{R}(R)$.

Für einen A-Ring $\mathcal{R}$ haben wir nach Definition $(\prod_n \mathcal{R})^* = \prod_n \mathcal{R}^*$.

Insbesondere gilt

$$\left(\prod_{n-1} \mathcal{C}_{1A}\right)^* = \prod_{n-1} \mu_A$$

und $\nu_{n-1} : \mathcal{C}_{nA} \to \prod_{n-1} \mathcal{C}_{1A}$ induziert einen Homomorphismus

$$\nu^*_{n-1} : \mathcal{C}^*_{nA} \longrightarrow \prod_{n-1} \mu_A .$$

Der folgende Satz ist eine Verallgemeinerung des Teichmüllerschnittes für ω_{nk} (1.5).

Satz: Ist k ein Körper mit p-Basis $\mathcal{B}$, so ist die Sequenz

$$1 \longrightarrow 1 + \mathcal{U}_n \hookrightarrow \mathcal{C}^*_{nk} \xrightarrow{\nu^*_{n-1}} \prod_{n-1} \mu_k \longrightarrow 1$$

exakt und spaltet.

Beweis: Die Behauptung ist klar für n = 1, und wir machen Induktion über n. Sei $\sigma : \prod_{n-1} \mu_k \to \mathcal{C}^*_{nk}$ ein Schnitt von $\nu^*_{n-1} : \mathcal{C}^*_{nk} \to \prod_{n-1} \mu_k$

Dann haben wir das kommutative Diagramm

$$\begin{array}{ccc} \prod_n \mu_k & \xrightarrow{\prod_1 \sigma} & \prod_1 \mathcal{C}^*_{nk} \\ \downarrow p & & \downarrow p \\ \prod_{n-1} \mu_k & \xrightarrow{\sigma} & \mathcal{C}^*_{nk} \end{array}$$

und $\sigma' = \prod_1 \sigma$ ist ein Schnitt von $\prod_1 \nu^*_{n-1} : \prod_1 \mathcal{C}^*_{nk} \to \prod_n \mu_k$. Setzen wir $\mathcal{E} = \prod_n \mu_k$ und ${}_p\mathcal{E} = \mathrm{Ker}(p : \prod_n \mu_k \to \prod_{n-1} \mu_k)$, so gilt nach Definition von p :

$${}_p\mathcal{E} = \mathrm{Ker}\ (?^p : \mathcal{E} \longrightarrow \mathcal{E})$$

Sei weiter $\mathcal{K} = \mathrm{Ker}(p : \prod_1 \mathcal{C}^*_{nk} \longrightarrow \mathcal{C}^*_{nk})$, so gilt einerseits $\sigma'({}_p\mathcal{E}) \subset \mathcal{K}$, und andererseits wieder nach Definition von p

(*) $\mathcal{K}(R) \subset \{(x_0, x_1, \ldots, x_{n-1}) \in \prod_n \mathcal{W}_n(R) \mid x_i \in R \otimes_k k^{p^{-n}},\ x_0^p = 1,\ x_1^p = \ldots = x_{n-1}^p = 0$

Sei nun $\mathcal{E}' = \psi^{-1}(\sigma'(\mathcal{E})) \subset \mathcal{C}^*_{n+1}$ das Urbild von $\sigma'(\mathcal{E}) \subset \prod_1 \mathcal{C}^*_{nk}$ unter $\psi^*: \mathcal{C}_{n+1\,k} \longrightarrow \prod_1 \mathcal{C}^*_{nk}$. Wir erhalten das kommutative Diagramm mit exakten Zeilen

$$\begin{array}{ccccccccc}
1 & \longrightarrow & 1 + \mathcal{W}^n_{n+1} & \hookrightarrow & \mathcal{C}^*_{n+1\,k} & \xrightarrow{\psi^*} & \prod_1 \mathcal{C}^*_{nk} & \longrightarrow & 1 \\
 & & \| & & \uparrow & & \uparrow & & \\
1 & \longrightarrow & 1 + \mathcal{W}^n_{n+1} & \hookrightarrow & \mathcal{E}' & \longrightarrow & \sigma'(\mathcal{E}) & \longrightarrow & 1
\end{array}$$

und es gilt $\mathcal{E}'^p \cap (1 + \mathcal{W}^n_{n+1}) = (1)$ mit $\mathcal{E}'^p = \mathrm{Im}(?^p: \mathcal{E}' \longrightarrow \mathcal{E}')$:

Andernfalls gäbe es ein $R \in \underline{M}_k$ und ein $x \in \mathcal{E}'(R)$ mit $1 \neq x^p \in 1 + \mathcal{W}^n_{n+1}(R)$.

Setzen wir dann $\overline{x} = \psi(x) \in \sigma'(\mathcal{E})$, so folgt daraus $\overline{x}^p = 1$ und daher $\overline{x} \in \sigma'({}_p\mathcal{E})(R) \subset \mathcal{K}(R)$. Es folgt daher aus (*), dass $x \in \mathcal{E}'(R) \subset \prod_1 \mathcal{W}_{n+1}(R)$ die Gestalt $x = (x_0, x_1, \ldots, x_n)$ hat mit

$$x_i \in R \otimes_k k^{p^{-n}}, \quad x_0^p = 1 \quad \text{und} \quad x_1^p = \ldots = x_{n-1}^p = 0$$

Hieraus folgt aber sofort $x^p = (1,0,..,0) = 1$ (man beachte die Beziehung $V^i(x) \cdot V^j(y) = V^{i+j}(F^j x \cdot F^i y)$), und damit ein Widerspruch. Setzen wir daher $\overline{\mathcal{E}'} = \mathcal{E}' / \mathcal{E}'^p$ und $\overline{\mathcal{E}} = \sigma'(\mathcal{E}) / \psi^*(\mathcal{E}'^p)$ so erhalten wir ein kommutatives Diagramm mit exakten Zeilen

$$\begin{array}{cccccccccc}
E: & 1 & \longrightarrow & 1 + \mathcal{W}^n_{n+1} & \hookrightarrow & \mathcal{E}' & \longrightarrow & \sigma'(\mathcal{E}) & \longrightarrow & 1 \\
 & & & \| & & \downarrow & & \downarrow & & \\
\overline{E}: & 1 & \longrightarrow & 1 + \mathcal{W}^n_{n+1} & \hookrightarrow & \overline{\mathcal{E}'} & \longrightarrow & \overline{\mathcal{E}} & \longrightarrow & 1
\end{array}$$

Da $\overline{\mathcal{E}}$ glatt ist und $(1 + \mathcal{W}^n_{n+1}) \cong \alpha_k$ ist, ist $\overline{\mathcal{E}'}$ als Erweiterung von zwei glatten Gruppen ebenfalls glatt, und der Frobeniushomomorphismus $F_{\overline{\mathcal{E}'}} : \overline{\mathcal{E}'} \longrightarrow \overline{\mathcal{E}'}$ ist ein Epimorphismus. Nach Definition ist das Potenzieren mit p auf $\overline{\mathcal{E}'}$ der triviale Homomorphismus, und $\overline{\mathcal{E}'}$ wird daher von der Verschiebung $V_{\overline{\mathcal{E}'}}$ annuliert (man verwende die Relation $?^p = V_{\overline{\mathcal{E}'}} \circ F_{\overline{\mathcal{E}'}}$). Nun ist aber $(1 + \mathcal{W}^n_{n+1}) \cong \alpha_k$ injektiv in der Kategorie der kommutativen affinen k-Gruppen, welche von der Verschiebung annuliert werden (vgl. [2] IV, §3, $n^o 6$, speziell Corollaire 6.7); die Sequenz $\bar{E}$ spaltet daher und ebenso die Sequenz E, was zu zeigen war. Zudem folgt aus der Konstruktion, dass jeder Schnitt $\tau : \sigma'(\mathcal{E}) \longrightarrow \mathcal{E}'$ in der Sequenz E ein kommutatives Diagramm

$$\begin{array}{ccc} \prod_n \mu_k & \xrightarrow{\tau\circ\sigma'} & \mathcal{C}^*_{n+1\,k} \\ \downarrow p & & \downarrow \pi^* \\ \prod_{n-1} \mu_k & \xrightarrow[\sigma]{} & \mathcal{C}^*_{nk} \end{array}$$

induziert. Dies bedeutet aber, dass sich jeder Schnitt von v^*_{n-1} zu einem Schnitt von v^*_n hochheben lässt. Wir haben daher zugleich folgendes Ergebnis bewiesen:

Zusatz : *Ist* $\hat{\mu}_k = \hat{\mathcal{C}}^*_{1k} = \varprojlim_n \prod_n \mu_k$, *so haben wir eine exakte spaltende Sequenz*

$$1 \longrightarrow 1 + \mathfrak{V} \hookrightarrow \mathcal{C}^*_k \longrightarrow \hat{\mu}_k \longrightarrow 1 .$$

3.9 Zusammen mit der universellen Eigenschaft 3.7 der Cohenringe erhalten wir aus dem vorangehenden Korollar folgendes Resultat: (Schöller [7] , Kaplansky)

Satz: *Ist* k *ein Körper mit p-Basis* $\mathfrak{B}$, S *ein vollständiger Noetherscher lokaler Ring mit Restklassenkörper* k , *so besitzt die Projektion* pr : S $\longrightarrow$ k *multiplikative Schnitte.*

3.10 Uebungsaufgabe: a) Ist k ein Körper mit p-Basis $\mathcal{B}$, k'/k eine separabel algebraische Erweiterung von k, so ist k' in natürlicher Weise ein Körper mit p-Basis $\mathcal{B}$ und wir erhalten kanonische Isomorphismen

$$\Big(\prod_{m,k} \mathcal{C}^{\mathcal{B}}_{nk}\Big) \otimes_k k' \xrightarrow{\sim} \prod_{m,k'} \mathcal{C}^{\mathcal{B}}_{nk'} \qquad m \geq 0,\ n > 0$$

$$\hat{\mathcal{C}}^{\mathcal{B}}_{nk} \otimes_k k' \xrightarrow{\sim} \hat{\mathcal{C}}^{\mathcal{B}}_{nk'} \qquad n > 0$$

$$\mathcal{C}^{\mathcal{B}}_{k} \otimes_k k' \xrightarrow{\sim} \mathcal{C}^{\mathcal{B}}_{k'}$$

b) vgl Uebungsaufgabe 2.15 : Ist k ein Körper mit p-Basis $\mathcal{B}$ und R eine $k^{p^{-\infty}}$-Algebra, so gibt es einen Isomorphismus

$$\mathcal{C}_k({}_kR) \xrightarrow{\sim} \overset{\infty}{\omega}_k(R)\,[[X_b \mid b \in \mathcal{B}]] .$$

§4. Der Endomorphismenring von $\mathcal{C}_{nk}$

Zur Vorbereitung auf den Struktursatz im nächsten Paragraphen studieren wir hier den Endomorphismenring $D_n^{\mathcal{B}}$ der k-Gruppe $\mathcal{C}_{nk}$ und zeigen, dass $D_n^{\mathcal{B}}$ über den "Homotetien" $\mathcal{C}_n(k)$ von den Homomorphismen σ und φ erzeugt wird. Der Ring $D_n^{\mathcal{B}}$ ist linksnoethersch und das zweiseitige Ideal $(\sigma^i) = D_n^{\mathcal{B}} \sigma^i D_n^{\mathcal{B}}$ wird als $D_n^{\mathcal{B}}$- Linksmodul erzeugt von den Elementen $\{\sigma^i \circ [B^\alpha] \mid \alpha \in I_i\}$. Weiter ergibt sich auch noch, dass $\mathcal{C}_{nk}$ in der Kategorie der algebraischen unipotenten k-Gruppen, welche von der n-fachen Verschiebung annuliert werden, ein injektiver Cogenerator ist.

Für den ganzen Paragraphen ist der Grundring $k \in M_{\mathcal{B}}$ ein Körper mit p-Basis $\mathcal{B}$.

4.1 Mit Hilfe der kanonischen Projektionen $\pi_n : \mathcal{C}_k \longrightarrow \mathcal{C}_{nk}$ betrachten wir im Folgenden die Gruppen $\mathcal{C}_{nk}$ als $\mathcal{C}_k$-Moduln (1.1). Nach der Bemerkung zu Lemma 2.13 sind dann die Homomorphismen $\Lambda^s : \mathcal{C}_{nk} \longrightarrow \mathcal{C}_{n+s\,k}$ $\mathcal{C}_k$-Modulhomomorphismen. Ist $x \in \mathcal{C}(k)$, so bezeichnen wir ebenfalls mit x sowohl den Endomorphismus "Multiplizieren mit x" von $\mathcal{C}_k$, als auch den Endomorphismus "Multiplizieren mit $\pi_n(x)$" von $\mathcal{C}_{nk}$. Nach Satz 2.13 und 3.1 gelten dann folgende Relationen in End $\mathcal{C}_{nk}$ und End $\mathcal{C}_k$:

(i) $\varphi \circ x = \varphi(x) \circ \varphi$,

(ii) $x \circ \sigma = \sigma \circ \varphi(x)$,

(iii) $\sigma^m \circ x \circ \varphi^m = \sigma^m(x)$.

<u>Lemma</u>: <u>In</u> End $\mathcal{C}_{nk}$ <u>und</u> End $\mathcal{C}_k$ <u>gilt für</u> $m \geq 0$ <u>folgende Beziehung</u>:

$$\text{(iv)} \quad \sum_{\alpha \in J_m} [B^{\alpha}]\, \varphi^m \circ \vartheta^m \circ [B^{-\alpha}] \quad = p^m \ .$$

Beweis: Es genügt natürlich, die Beziehung (iv) in End $\mathcal{C}_k$ nachzuweisen. Wir betrachten die Isomorphismen (3.4)

$$_m\mathcal{U} : \bigoplus_{J_m} \mathcal{C}_k \xrightarrow{\ \sim\ } \mathcal{C}_k$$

für $m \geq 0$ gegeben durch die Komponenten $_m\mathcal{U}_\gamma = [B^\gamma] \circ \varphi^m$ für $\gamma \in J_m$ und setzen

$$_m\omega_\gamma = pr_\gamma \circ {_m\mathcal{U}^{-1}} : \quad \mathcal{C}_k \longrightarrow \mathcal{C}_k \ .$$

Offensichtlich gilt dann

$$_m\omega_\gamma \circ {_m\mathcal{U}_\sigma} = \delta_{\gamma\sigma} \qquad \text{und} \qquad \sum_{\gamma \in J_m} {_m\mathcal{U}_\gamma} \circ {_m\omega_\gamma} = 1$$

und man erhält aus der Beschreibung von $_m\mathcal{U}$

$$_m\omega_\gamma = {_m\omega_0} \circ [B^{-\gamma}] \qquad \text{für} \quad \gamma \in J_m \ .$$

Setzen wir $\mathfrak{e} = {_1\omega_0} : \mathcal{C}_k \longrightarrow \mathcal{C}_k$, so gilt $\mathfrak{e}(\varphi(x) \cdot y) = x \cdot \mathfrak{e}(y)$ für $x, y \in \mathcal{C}(R)$, $R \in \underline{M}_k$, und es ergeben sich für alle $m \geq 0$, $x \in \mathcal{C}(k)$ folgende Relationen:

$$\widetilde{\text{(ii)}} \qquad x \circ \mathfrak{e}^m = \mathfrak{e}^m \circ \varphi^m(x)$$

$$\widetilde{\text{(iii)}} \qquad \mathfrak{e}^m \circ x \circ \varphi^m = \mathfrak{e}^m(x)$$

$$\widetilde{\text{(iv)}} \qquad \sum_{\alpha \in J_m} [B^\alpha] \circ \varphi^m \circ \mathfrak{e}^m \circ [B^{-\alpha}] = 1$$

Insbesondere gilt $_m\omega_\gamma = \mathfrak{e}^m \circ [B^{-\gamma}]$. Aus den Relationen $\widetilde{\text{(iv)}}$ und (iii) erhalten wir

$$\vartheta = \vartheta \circ \sum_{\alpha \in J_1} [B^{\alpha}] \cdot \varphi \circ e \circ [B^{-\alpha}] = \sum_{\alpha \in J_1} \vartheta \circ [B^{\alpha}] \cdot \varphi \circ e \circ [B^{-\alpha}] = p \circ e$$

und daher

$$\vartheta^m = p^m \circ e^m .$$

Daraus folgt nun wieder mit $\widetilde{(\mathrm{iv})}$

$$p^m = \sum_{\alpha \in J_m} [B^{\alpha}] \circ \varphi^m \circ p^m \circ e^m \circ [B^{-\alpha}] = \sum_{\alpha \in J_m} [B^{\alpha}] \circ \varphi^m \circ \vartheta^m \circ [B^{-\alpha}]$$

und damit die Behauptung.

<u>Bemerkung</u>: Aus dem vorangehenden Beweis geht hervor (vgl. Relation $\widetilde{(\mathrm{iv})}$) dass bei der Zerlegung

$$x = \sum_{\alpha \in J_m} \varphi^m(x_{\alpha}) \cdot [B^{\alpha}]$$

nach Satz 3.4 für $x \in \mathcal{C}(R)$, $R \in \underline{M}_k$ die x_{α} gegeben sind durch

$$x = e^m([B^{-\alpha}] \cdot x) .$$

Mit Hilfe der Relationen $\widetilde{(\mathrm{ii})}$, $\widetilde{(\mathrm{iii})}$ und $\widetilde{(\mathrm{iv})}$ lässt sich auch der Endomorphismenring von $\mathcal{C}_k$ bestimmen (vgl. Uebungsaufgabe am Schluss dieses Paragraphen).

4.2 Im Folgenden halten wir den Körper k mit p-Basis $\mathcal{B}$ fest und bezeichnen mit $D^{\mathcal{B}}$ die nicht kommutative $\mathcal{C}(k)$-Algebra erzeugt von den Variablen ϑ und φ mit den Relationen : $(x \in \mathcal{C}(k))$

(i) $\varphi \cdot x = \varphi(x) \cdot \varphi$

(ii) $x \cdot \vartheta = \vartheta \cdot \varphi(x)$

(iii) $\vartheta^m \cdot x \cdot \varphi^m = \vartheta^m(x)$ für $m \geq 0$

(vi) $\sum_{\alpha \in J_m} [B^{\alpha}] \cdot \varphi^m \cdot \vartheta^m \cdot [B^{-\alpha}] = p^m$ für $m \geq 0$

Nach 4.1 haben wir kanonische Ringhomomorphismen

$$\mu : D^{\mathcal{B}} \longrightarrow \operatorname{End} \mathcal{C}_k$$

und

$$\mu_n : D^{\mathcal{B}} \longrightarrow \operatorname{End} \mathcal{C}_{nk} .$$

Bezeichnen wir mit $(\vartheta^n) = D^{\mathcal{B}} \vartheta^n D^{\mathcal{B}}$ das zweiseitige Ideal erzeugt von ϑ^n und mit $D_n^{\mathcal{B}} = D^{\mathcal{B}}/(\vartheta^n)$ den Restklassenring, so ist $D_n^{\mathcal{B}}$ die nicht kommutative $\mathcal{C}_n(k)$-Algebra erzeugt von ϑ und φ mit den Relationen (i) bis (iv) und der zusätzlichen Relation

$$(v) \qquad \vartheta^n = 0$$

Wegen $\vartheta^n = 0$ in $\mathcal{C}_{nk}$ induzieren die Ringhomomorphismen μ_n Homomorphismen

$$\bar{\mu}_n : D_n^{\mathcal{B}} \longrightarrow \operatorname{End} \mathcal{C}_{nk}$$

und wir werden im folgenden Satz sehen, dass die $\bar{\mu}_n$ Isomorphismen sind. Man beachte, dass $D_1^{\mathcal{B}}$ isomorph ist zu $k[F]$ in kanonischer Weise ($\varphi \longmapsto F$) und dass $\bar{\mu}_1 : k[F] \xrightarrow{\sim} \operatorname{End} \alpha_k$ der Isomorphismus gegeben durch $x \longmapsto$ "Multiplizieren mit x" für $x \in k$ und $F \longmapsto$ Frobeniushomomorphismus ist (vgl. 1.3).

Bemerkung: Man sieht leicht, dass die Relation (iv) zur Relation

$$(iv)' \qquad \sum_{\alpha \in J_m} [B^{-\alpha}] \cdot \varphi^m \cdot \vartheta^m \cdot [B^{\alpha}] = p^m$$

äquivalent ist (Man multipliziere die Relation (iv) von rechts mit dem Element $[B^{p^m \varepsilon}]$ und von links mit $[B^{-p^m \varepsilon}]$ mit $\varepsilon = (1) \in J$).

4.3 Satz: (1) Jedes Element $Z \in D^{\mathcal{B}}$ besitzt eine Darstellung als endliche Summe in der Gestalt

$$Z = \sum_{\substack{r,s \in \mathbb{N} \\ \alpha \in J_s}} z_{rs\alpha} \cdot \varphi^r \cdot \vartheta^s \cdot [B^\alpha]$$

mit $z_{rs\alpha} \in \mathcal{C}(k)$.

(2) Ist $\sigma : k \longrightarrow \mathcal{C}(k)$ ein multiplikativer Schnitt der kanonischen Projektion $\pi_1(k)$, so gibt es für jedes $Z \in D^{\mathcal{B}}$ und jedes $n \geq 0$ eine eindeutig bestimmte Darstellung von der Gestalt

$$Z = \sum_{\substack{r,s \in \mathbb{N} \\ s<n,\, \alpha \in J_s}} \sigma(x_{rs\alpha}) \cdot \varphi^r \cdot \vartheta^s \cdot [B^\alpha] + Z_n$$

mit $x_{rs\alpha} \in k$ und $Z_n \in (\vartheta^n)$.

(3) (ϑ^n) ist ein freier $D^{\mathcal{B}}$-Linsmodul mit der Basis $\{\vartheta^n \cdot [B^\alpha] \mid \alpha \in J_n\}$ und $(\vartheta^n) \cdot (\vartheta^m) = (\vartheta^{n+m})$.

(4) Es gilt $\bigcap_{n=0}^{\infty} (\vartheta^n) = 0$

(5) Die Ringhomomorphismen $\bar{\mu}_n : D_n^{\mathcal{B}} \longrightarrow \operatorname{End} \mathcal{C}_{nk}$ sind bijektiv und $\mu : D^{\mathcal{B}} \longrightarrow \operatorname{End} \mathcal{C}_k$ ist injektiv.

(6) Die Ringe $D_n^{\mathcal{B}}$ sind linksnoethersch.

Beweis: A) Aus den Relationen (i) bis (iv) folgt sofort , dass sich jedes Element $Z \in D^{\mathcal{B}}$ als endliche Summe von Ausdrücken der Gestalt $x \cdot \varphi^r \cdot \vartheta^s \cdot y$ mit $x, y \in \mathcal{C}(k)$ darstellen lässt. Verwenden wir die Zerlegung

$$y = \sum_{\alpha \in J_s} \varphi^s(y_\alpha) \cdot [B^\alpha]$$

nach Satz 3.4 , so erhalten wir

$$x \cdot \varphi^r \cdot \vartheta^s \cdot y = \sum_{\alpha \in J_s} x \cdot \varphi^r(y_\alpha) \cdot \varphi^r \cdot \vartheta^s \cdot [B^\alpha]$$

womit (1) bewiesen ist.

B) Sei $\mathfrak{J}_n = \sum_{\alpha \in J_n} D^{\mathfrak{B}} \cdot \vartheta^n \cdot [B^\alpha]$ das Linksideal erzeugt von den Elementen $\vartheta^n[B^\alpha]$, $\alpha \in J_n$. Dann gilt offensichtlich

$$\mathfrak{J}_n = \sum_{\alpha \in J} D^{\mathfrak{B}} \cdot \vartheta^n \cdot [B^\alpha]$$

$$\mathfrak{J}_n \subset (\vartheta^n) \quad \text{und} \quad \mathfrak{J}_n \subset \mathfrak{J}_{n+s} \quad \text{für} \quad s \geq 0 . \tag{a}$$

Nach A) erhalten wir zudem

$$\mathfrak{J}_n \cdot \mathfrak{C}(k) \subset \mathfrak{J}_n , \tag{b}$$

und aus der Relation (iv) folgt

$$p \cdot \mathfrak{J}_n \subset \mathfrak{J}_{n+1} . \tag{c}$$

Wegen $\vartheta \cdot x \cdot \varphi = \vartheta(x) \in p \cdot \mathfrak{C}(k)$ erhalten wir daher

$$\mathfrak{J}_n \cdot \varphi \subset \mathfrak{J}_n \tag{d}$$

$(\vartheta^n x \varphi = \vartheta^{n-1} \cdot \vartheta(x) \in p\, \vartheta^{n-1} \cdot \mathfrak{C}(k) \subset p \cdot \mathfrak{J}_{n-1} \subset \mathfrak{J}_n).$

Trivialerweise gilt

$$\mathfrak{J}_n \cdot \vartheta \subset \mathfrak{J}_{n+1} . \tag{e}$$

Es folgt nun aus (b) bis (e) , dass $\mathfrak{J}_n$ ein zweiseitiges Ideal ist, also $\mathfrak{J}_n = (\vartheta^n)$, und aus (e) erhalten wir zudem die Beziehung $(\vartheta^n)(\vartheta) = (\vartheta^{n+1})$. Damit ist (3) bis auf die Freiheitsaussage bewiesen, und die Darstellung (2) für $Z \in D^{\mathfrak{B}}$

erhält man aus (1) mit Hilfe der Zerlegung $x = \sigma(\pi_1(x)) + p \cdot x'$ für $x \in \mathcal{C}(k)$ und der Formel (c) durch Induktion über n.

C) Wir wollen nun die Injektivität der Homomorphismen $\bar{\mu}_n$ und gleichzeitig die Eindeutigkeitsaussage von (2) beweisen. Durch Induktion über n genügt es offensichtlich für beide Behauptungen folgendes zu zeigen:

(*) Ist $Z = \sum_{r,\alpha \in J_n} \sigma(x_{r\alpha}) \cdot \varphi^r \cdot \vartheta^n \cdot [B^\alpha] \in D^B$ und $\mu_{n+1}(Z) \in \mathrm{End}\, \mathcal{C}_{n+1\,k}$ der Nullhomomorphismus, so ist $x_{r\alpha} = 0$ für alle (r, α).

Wir betrachten hierzu ein beliebiges $y \in R$, $R \in \underline{M}_k$ und setzen für $\beta \in J_n$: $y_\beta = [y \otimes [B^{-p^{-n}\beta}] \in \mathcal{C}_{n+1}(R)$. Es gilt dann (vgl. Satz 2.8.2)

$$(\vartheta^n \circ [B^{p^{-n}\alpha}])(y_\beta) = \begin{cases} 0 & \alpha \neq \beta \\ V^n(y \otimes 1) & \alpha = \beta \end{cases}$$

Wir erhalten daraus nach Voraussetzung

$$0 = \mu_{n+1}(Z)(y_\beta) = V^n\Big(\sum_r x_{r\beta} \cdot y^{p^r} \otimes 1\Big)$$

Da $y \in R$, $R \in \underline{M}_k$ und $\beta \in J_n$ beliebig waren, folgt hieraus $x_{r\beta} = 0$ für alle (r, β) und damit die Behauptung von (*).

D) Sei $Z \in \bigcap_{n=0}^{\infty} (\vartheta^n)$ und

$$Z = \sum_{\substack{r,s \in \mathbb{N} \\ \alpha \in J_s}} z_{rs\alpha} \cdot \varphi^r \cdot \vartheta^s \cdot [B^\alpha]$$

eine Darstellung im Sinne von (1). Sei weiter $n \in \mathbb{N}$ minimal mit der Eigenschaft, dass es ein $z_{rn\alpha} \neq 0$ gibt, und m minimal mit $z_{rs\alpha} = 0$ für $s > m$. Dann ist

$$Z_n = \sum_{\substack{r \in \mathbb{N} \\ \alpha \in J_n}} z_{rn\alpha} \cdot \varphi^r \cdot \vartheta^n \cdot [B^\alpha] \in (\vartheta^{n+1})$$

und wegen der Eindeutigkeitsaussage von (2) folgt hieraus $z_{rn\alpha} \in p \cdot \mathcal{C}(k)$.
Nun gilt aber (verwende (iv)')

$$p \cdot \varphi^r \cdot \vartheta^n \cdot [B^\alpha] = \varphi^r \cdot p \cdot \vartheta^n \cdot [B^\alpha] = \sum_{\beta \in J_1} [B^{-p^r\beta}] \cdot \varphi^{r+1} \cdot \vartheta^{n+1} \cdot [B^{p^n\beta + \alpha}] \qquad \text{(f)}$$

und die $p^n\beta + \alpha$ durchlaufen verschiedene Elemente von J_{n+1} für $\alpha \in J_n$ und $\beta \in J_1$. Ist $n < m$, so erhalten wir daher eine neue Darstellung

$$Z = \sum_{\substack{r,s \in \mathbb{N} \\ \alpha \in J_s}} z'_{rs\alpha} \cdot \varphi^r \cdot \vartheta^s \cdot [B^\alpha]$$

mit $z'_{rs\alpha} = 0$ für $s \leq n$ und für $s > m$. Durch mehrmalige Anwendung dieses Verfahrens erreichen wir also eine Darstellung von der Gestalt

$$Z = \sum_{\substack{r \in \mathbb{N} \\ \alpha \in J_m}} z_{r\alpha} \cdot \varphi^r \cdot \vartheta^m \cdot [B^\alpha]$$

Wiederum folgt aus der Eindeutigkeitsaussage von (2): $z_{r\alpha} \in p \cdot \mathcal{C}(k)$, und durch Induktion erhalten wir mit Hilfe von (f): $z_{r\alpha} \in \bigcap_{n=0}^{\infty} p^n \mathcal{C}(k) = 0$, also $Z = 0$, womit (4) bewiesen ist.

E) Die Injektivität von $\mu : D^{\mathcal{B}} \longrightarrow \mathrm{End}\, \mathcal{C}_k$ ergibt sich nun folgendermassen: Sei $E \subset \mathrm{End}\, \mathcal{C}_k$ das Bild von μ. Dann haben wir für jedes $n > 0$ eine kanonische Abbildung $E \longrightarrow \mathrm{End}\, \mathcal{C}_{nk}$ und ein kommutatives Diagramm

$$\begin{array}{ccc} D^{\mathcal{B}} & \xrightarrow{\mu} & E \\ {\scriptstyle pr}\downarrow & & \downarrow{\scriptstyle kan.} \\ D^{\mathcal{B}}_n & \overset{\bar{\mu}_n}{\hookrightarrow} & \mathrm{End}\, \mathcal{C}_{nk} \end{array}$$

Da $\bar{\mu}_n$ nach C) injektiv ist, gilt $\mathrm{Ker}\,\mu \subset (\vartheta^n)$ für alle n, und daher $\mathrm{Ker}\,\mu \subset \bigcap_{n=0}^{\infty} (\vartheta^n) = 0$ nach D).

F) Aus der Injektivität von μ in E) und Satz 3.2 folgt insbesondere, dass $p \in D^{\mathcal{B}}$ kein Nullteiler ist.

Ist nun $\sum_{\alpha\in J_n} X_\alpha \cdot \vartheta^n \cdot [B^\alpha] = 0$ für gewisse $X_\alpha \in D^{\mathcal{B}}$, so folgt aus der Relation (iii) (wegen $\vartheta^n([B^\sigma]) = 0$ für $\sigma \notin p^n J$) durch Rechtsmultiplikation mit $[B^{-\beta}]\cdot\varphi^n$ für $\beta\in J_n$:

$$0 = \Big(\sum_{\alpha\in J_n} X_\alpha\, \vartheta^n\, [B^\alpha]\Big)\cdot[B^{-\beta}]\cdot\varphi^n = X_\beta\cdot p^n ,$$

also nach dem Vorangehenden $X_\beta = 0$. Zusammen mit B) ist damit die Behauptung (3) vollständig bewiesen. Zudem erhalten wir einen Isomorphismus für $n>i>0$:

$$\bigoplus_{J_i} D^{\mathcal{B}}_{n-i} \xrightarrow{\ \sim\ } D^{\mathcal{B}}_n\cdot\vartheta^i\cdot D^{\mathcal{B}}_n$$

und die Behauptung (6) folgt durch Induktion aus den exakten Sequenzen

$$0 \longrightarrow D^{\mathcal{B}}_{n+1}\cdot\vartheta^n\cdot D^{\mathcal{B}}_{n+1} \hookrightarrow D^{\mathcal{B}}_{n+1} \xrightarrow{\ pr\ } D^{\mathcal{B}}_n \longrightarrow 0 .$$

G) Es bleibt noch die Surjektivität der Abbildungen $\bar{\mu}_n :\ D^{\mathcal{B}}_n \longrightarrow \operatorname{End}\mathcal{C}_{nk}$ zu beweisen. Für $n = 1$ haben wir den schon früher erwähnten Isomorphismus (4.2) $k[F] \xrightarrow{\sim} \operatorname{End}\alpha_k$, und wir beweisen die Behauptung durch Induktion über n . Aus der exakten Sequenz (Satz 2.11)

$$0 \longrightarrow \mathcal{C}_{nk} \xrightarrow{\ A\ } \mathcal{C}_{n+1\,k} \xrightarrow{\ \pi_n\ } \prod_n \alpha_k \longrightarrow 0$$

erhalten wir das kommutative Diagramm von $D^{\mathcal{B}}_{n+1}$-Linksmoduln mit exakten Zeilen

$$\begin{array}{ccccccccc}
0 & \longrightarrow & \underline{Ac}_k(\prod_n \alpha_k , \mathcal{C}_{n+1}) & \xrightarrow{\pi_n^*} & \operatorname{End}\mathcal{C}_{n+1} & \longrightarrow & \operatorname{End}\mathcal{C}_n & & \\
 & & \uparrow\varphi & & \uparrow\bar{\mu}_{n+1} & & \uparrow\bar{\mu}_n & & \\
0 & \longrightarrow & D^{\mathcal{B}}_{n+1}\cdot\vartheta^n\cdot D^{\mathcal{B}}_{n+1} & \hookrightarrow & D^{\mathcal{B}}_{n+1} & \xrightarrow{pr} & D^{\mathcal{B}}_n & \longrightarrow & 0
\end{array} \qquad (g)$$

wobei φ durch $\bar{\mu}_{n+1}$ induziert wird. Nach Lemma 4.4 ist

$$\underline{Ac}_k(\mathrm{Id}, A^n) :\ \underline{Ac}_k(\prod_n \alpha_k , \alpha_k) \xrightarrow{\ \sim\ } \underline{Ac}_k(\prod_n \alpha_k , \mathcal{C}_{n+1})$$

ein Isomorphismus und $\underline{Ac}_k(\prod_n \alpha_k, \mathcal{C}_{n+1})$ wird daher als $D^{\mathcal{B}}_{n+1}$-Linksmodul erzeugt von den Homomorphismen $\phi^n \circ \omega_\alpha, \alpha \in J_n$, wobei $\omega_\alpha : \prod_n \alpha_k \longrightarrow \alpha_k$ die Projektion zur Komponente α bezüglich des Isomorphismus $u : \bigoplus_{J_n} \alpha_k \xrightarrow{\sim} \prod_n \alpha_k$ ist (Satz 2.10). Nun gilt aber in $\mathcal{C}_{n+1\,k}$

$$\phi^n \circ \omega_\alpha \circ r_n \quad = \quad v^n \circ [B^{-p^{-n}\alpha}]$$

für $\alpha \in J_n$ (man betrachte die Wirkung auf Elemente der Gestalt $[x \otimes B^{p^{-n}\beta}], \beta \in J_n$) und es folgt hieraus : $\phi^n \circ \omega_\alpha \;=\; \varphi(v^n \cdot [B^{-\alpha}])$;

φ ist also surjektiv und die Behauptung folgt aus dem Diagramm (g) durch Induktion über n .

Bemerkung: Man kann zeigen (vgl. [2] V, §1, Lemma 3.2), dass für $\mathcal{B} = \emptyset$ der Ring $D = D^{\emptyset}$ ein links- und rechtsnoetherscher Integritätsbereich ist. Es ist jedoch leicht zu sehen, dass für $\mathcal{B} \neq \emptyset$ $D^{\mathcal{B}}_n$ nicht rechtsnoethersch ist und $D^{\mathcal{B}}$ weder links- noch rechtsnoethersch ist. Offensichtlich ist in diesem Falle $D^{\mathcal{B}}$ auch nicht integer (vgl. Relation (iii)).

4.4 Ist $\mathfrak{g}$ eine kommutative affine k-Gruppe, so haben wir für jedes $n \geq 0$ einen (in $\mathfrak{g}$ funktoriellen) Isomorphismus (1.4)

$$\xi \;:\; \underline{Ac}_k(\mathfrak{g}^{(p^n)}, \mathfrak{g}) \xrightarrow{\sim} \underline{Ac}_k(\mathfrak{g}, \prod_{f^n} \mathfrak{g})$$

mit $\prod_{f^n}$ = Weilrestriktion bezüglich des Homomorphismus $f^n = ?^{p^n} : k \longrightarrow k$ und $\mathfrak{g}^{(p^n)} = \mathfrak{g} \otimes_{f^n} k$. Ist $V^n_{\mathfrak{g}} : \mathfrak{g}^{(p^n)} \longrightarrow \mathfrak{g}$ die Verschiebung , so bezeichnen wir mit $\widetilde{V}^n_{\mathfrak{g}} : \mathfrak{g} \longrightarrow \prod_{f^n} \mathfrak{g}$ das Bild von $V^n_{\mathfrak{g}}$ unter ξ .

<u>Lemma</u>: <u>Für jede kommutative unipotente k-Gruppe</u> $\mathcal{G}$ <u>ist</u> $\mathcal{G}_n = \operatorname{Ker} \widetilde{V}^n_{\mathcal{G}}$ <u>die grösste Untergruppe von</u> $\mathcal{G}$, <u>welche durch die n-fache Verschiebung annuliert wird</u>. <u>Insbesondere ist</u> $\mathcal{T}^m(\mathcal{C}_{nk}) \subset \mathcal{C}_{n+m\,k}$ <u>die grösste Untergruppe von</u> $\mathcal{C}_{n+m\,k}$, <u>welche von der n-fachen Verschiebung annuliert wird</u>.

<u>Beweis</u>: Ist $\mathcal{H} \subset \mathcal{G}$ eine Untergruppe und $i : \mathcal{H} \hookrightarrow \mathcal{G}$ die Inklusion, so haben wir die beiden kommutativen Diagramme:

$$\begin{array}{ccc} \mathcal{G}^{(p^n)} & \xrightarrow{V^n_{\mathcal{G}}} & \mathcal{G} \\ \uparrow{\scriptstyle i^{(p^n)}} & & \uparrow{\scriptstyle i} \\ \mathcal{H}^{(p^n)} & \xrightarrow{V^n_{\mathcal{H}}} & \mathcal{H} \end{array} \qquad\qquad \begin{array}{ccc} \mathcal{G} & \xrightarrow{\widetilde{V}^n_{\mathcal{G}}} & \prod_{f^n} \mathcal{G} \\ \uparrow{\scriptstyle i} & & \uparrow{\scriptstyle \prod_{f^n} i} \\ \mathcal{H} & \xrightarrow{\widetilde{V}^n_{\mathcal{H}}} & \prod_{f^n} \mathcal{H} \end{array}$$

Die Bedingung $V^n_{\mathcal{H}} = 0$ ist daher äquivalent zu $\widetilde{V}^n_{\mathcal{H}} = 0$, dh. zu $\mathcal{H} \subset \mathcal{G}_n = \operatorname{Ker} \widetilde{V}^n_{\mathcal{G}}$, woraus die erste Behauptung folgt.
Nach der Definition von ξ ist $\widetilde{V}^n_{\mathcal{G}}$ die Komposition

$$\mathcal{G} \xrightarrow{\iota} \prod_{f^n} \mathcal{G}^{(p^n)} \xrightarrow{\prod_{f^n} V^n_{\mathcal{G}}} \prod_{f^n} \mathcal{G}$$

wobei $\iota(R) : \mathcal{G}(R) \longrightarrow \mathcal{G}((R \otimes_{f^n} k)_{f^n})$ für $R \in \underline{M}_k$ gegeben ist durch $j : R \longrightarrow (R \otimes_{f^n} k)_{f^n}$ mit $j(r) = r \otimes 1$ für $r \in R$.
Im Falle $\mathcal{G} = \mathcal{C}_{m+n\,k}$ ist daher $\widetilde{V}^n_{\mathcal{C}_{n+m}}(R)$ induziert durch die Komposition

$$W_{n+m}(R') \hookrightarrow W_{n+m}(R' \otimes_{f^n} k) \xrightarrow{V^n} W_{n+m}(R' \otimes_{f^n} k)$$

mit $R' = (R \otimes_k k^{p^{-n-m+1}})_{\varphi^{-n-m+1}}$. Wir erhalten daraus

$$\operatorname{Ker} \widetilde{V}^n_{\prod_{n+m-1} W_{n+m}} = T^m(\prod_{n+m-1} W_{nk})$$

und damit

$$\operatorname{Ker} \widetilde{V}^n_{\mathcal{C}_{n+m}} = T^m(\prod_{n+m-1} W_{nk}) \cap \mathcal{C}_{n+m\,k} = \mathcal{T}^m(\mathcal{C}_{nk})$$

nach 2.8.

4.5 Satz: Ist $\mathcal{G}$ eine kommutative unipotente algebraische k-Gruppe, so gibt es natürliche Zahlen $n, r, s \in \mathbb{N}$ und eine exakte Sequenz

$$0 \longrightarrow \mathcal{G} \longrightarrow \mathcal{W}^s_{nk} \longrightarrow \mathcal{W}^r_{nk} .$$

Beweis: Wir zeigen zunächst, dass es einen Monomorphismus $i : \mathcal{G} \hookrightarrow \mathcal{W}^s_{nk}$ gibt für geeignete $n, s \in \mathbb{N}$. Durch "artinsche" Induktion können wir hierzu annehmen, dass dies für alle echten Untergruppen von $\mathcal{G}$ gilt. Ist dann $g : \mathcal{G} \longrightarrow \alpha_k$ ein nicht trivialer Homomorphismus und $j : \operatorname{Ker} g \hookrightarrow \mathcal{W}^t_{mk}$ ein Monomorphismus, so gibt es nach dem nachfolgenden Lemma einen Homomorphismus $f : \mathcal{G} \longrightarrow \mathcal{W}^t_{m+1\,k}$, welcher auf $\operatorname{Ker} g$ den Homomorphismus j induziert. Wir können daher für

$$i : \mathcal{G} \longrightarrow \mathcal{W}^t_{m+1\,k} \times \mathcal{W}_{m+1\,k}$$

den Monomorphismus mit den Komponenten f und $V^m \circ g$ nehmen. Wenden wir das Vorangehende auf $\operatorname{Coker} i$ an, so erhalten wir eine exakte Sequenz

$$0 \longrightarrow \mathcal{G} \xrightarrow{\ i\ } \mathcal{W}^s_{nk} \xrightarrow{\ h\ } \mathcal{W}^r_{mk}$$

Für $m < n$ ersetzen wir h durch $h' = (V^{n-m})^r \circ h$ und für $m > n$ faktorisiert h nach Lemma 4.4 über $(V^{m-n})^r : \mathcal{W}^r_{nk} \hookrightarrow \mathcal{W}^r_{mk}$.

Lemma: Ist

$$0 \longrightarrow \mathcal{H} \xrightarrow{\ i\ } \mathcal{G} \xrightarrow{\ u\ } \alpha_k$$

eine exakte Sequenz in Ac_k und $g : \mathcal{H} \longrightarrow \mathcal{W}_{nk}$ ein Homomorphismus, so gibt es einen Homomorphismus $f : \mathcal{G} \longrightarrow \mathcal{W}_{n+1\,k}$ mit $f \circ i = V \circ g$.

Beweis: Setzen wir $\overline{\mathfrak{G}}$ = Im u , so erhalten wir das kommutative Diagramm mit exakter erster Zeile (1.3)

$$\begin{array}{ccccc}
\underline{Ac}_k(\mathfrak{G}, \mathcal{C}_{n+1\,k}) & \xrightarrow{p\circ i} & \underline{Ac}_k(\mathcal{H}, \mathcal{C}_{n+1\,k}) & \xrightarrow{\delta} & \underline{Ac}^1_k(\overline{\mathfrak{G}}, \mathcal{C}_{n+1\,k}) \\
 & & \uparrow {\scriptstyle 4\circ p} & & \uparrow {\scriptstyle \varphi_n} \\
 & & \underline{Ac}_k(\mathcal{H}, \mathcal{C}_{nk}) & \xrightarrow{\delta} & \underline{Ac}^1_k(\overline{\mathfrak{G}}, \mathcal{C}_{nk})
\end{array}$$

und es genügt zu zeigen, dass $\varphi_n = \underline{Ac}^1_k(\overline{\mathfrak{G}}, 4)$ die Nullabbildung ist. Mit Hilfe des kommutativen Diagramms

$$(*)\qquad \begin{array}{ccccccccc}
0 & \longrightarrow & \mathcal{C}_{n-1\,k} & \xrightarrow{4} & \mathcal{C}_{nk} & \longrightarrow & \bigoplus_{I_{n-1}} \alpha_k & \longrightarrow & 0 \\
 & & \| & & \downarrow {\scriptstyle 4} & & \downarrow {\scriptstyle \oplus_{I_{n-1}} 4} & & \\
0 & \longrightarrow & \mathcal{C}_{n-1\,k} & \xrightarrow{4^2} & \mathcal{C}_{n+1\,k} & \longrightarrow & \bigoplus_{I_{n-1}} \mathcal{C}_2 & \longrightarrow & 0
\end{array}$$

(vgl. 2.14) reduziert man sich durch Induktion sofort auf den Fall n = 1. Da für jede Untergruppe $\overline{\mathfrak{G}} \subset \alpha_k$ die induzierte Abbildung

$$\underline{Ac}^1_k(\alpha_k, \alpha_k) \longrightarrow \underline{Ac}^1_k(\overline{\mathfrak{G}}, \alpha_k)$$

surjektiv ist (vgl. [2] II ,§3 , 4.7), können wir ohne Beschränkung der Allgemeinheit $\overline{\mathfrak{G}} = \alpha_k$ voraussetzen. Betrachten wir nun $\underline{Ac}^1_k(\alpha_k, \alpha_k)$ als k[F]-Linksmodul und $\underline{Ac}^1_k(\alpha_k, \mathcal{C}_{2k})$ als $D_2^{\mathfrak{B}}$ -Linksmodul (4.2), so ist

$$\varphi = \varphi_1 = \underline{Ac}^1_k(\mathrm{Id}, 4) \;:\; \underline{Ac}^1_k(\alpha_k, \alpha_k) \longrightarrow \underline{Ac}^1_k(\alpha_k, \mathcal{C}_{2k})$$

ein Modulhomomorphismus bezüglich der Projektion $D_2^{\mathfrak{B}} \longrightarrow k[F]$. Nun ist aber $\underline{Ac}^1_k(\alpha_k, \alpha_k)$ als k[F]-Linksmodul erzeugt von der Klasse e_2 der exakten Sequenz (vgl. 1.3)

$$\mathcal{E}_2 : \qquad 0 \longrightarrow \alpha_k \xhookrightarrow{T} \mathcal{W}_{2k} \xrightarrow{R} \alpha_k \longrightarrow 0$$

und $\varphi(e_2) = 0$, denn ψ lässt sich in der Form

$$\psi = \mathrm{Inkl.} \circ T \quad : \quad \alpha_k \xrightarrow{\;T\;} W_{2k} \xhookrightarrow{\;\mathrm{Inkl.}\;} \mathcal{C}_{2k}$$

zerlegen, womit die Behauptung bewiesen ist.

Bemerkung: Aus Satz 4.5 und Lemma folgert man sofort, dass $\mathcal{C}_{nk}$ ein injektiver Cogenerator in der Kategorie der algebraischen unipotenten k-Gruppen $\mathfrak{g}$ mit $V^n_{\mathfrak{g}} = 0$ ist. Wir werden im folgenden Paragraphen zeigen, dass die volle Kategorie der unipotenten k-Gruppen antiäquivalent zur Kategorie der auswischbaren $D^{\mathfrak{B}}$-Linksmoduln ist.

4.6 Uebungsaufgabe (Der Endomorphismenring von $\mathcal{C}_k$)

Sei $\mathfrak{v} : \mathcal{C}_k \longrightarrow \mathcal{C}_k$ der im Beweis von Lemma 4.1 definierte Homomorphismus und $E^{\mathfrak{B}}$ die nicht kommutative $\mathcal{C}(k)$-Algebra erzeugt von den Variablen $\mathfrak{v}$ und $\mathfrak{f}$ mit den Relationen $(x \in \mathcal{C}(k))$

(i) $\mathfrak{f} \cdot x = \mathfrak{f}(x) \cdot \mathfrak{f}$

(ii) $x \cdot \mathfrak{v} = \mathfrak{v} \cdot \mathfrak{f}(x)$

(iii) $\mathfrak{v} \cdot x \cdot \mathfrak{f} = \mathfrak{v}(x)$

(iv) $\sum\limits_{\alpha \in J_n} [B^{\alpha}] \cdot \mathfrak{f}^n \cdot \mathfrak{v}^n \, [B^{-\alpha}] = 1$ für alle $n \geq 0$

Dann haben wir einen kanonischen Ringhomomorphismus

$$\nu : E^{\mathfrak{B}} \longrightarrow \mathrm{End}\ \mathcal{C}_k$$

und ein kommutatives Diagramm $\left((p^n) = E^{\mathfrak{B}} \cdot p^n \cdot E^{\mathfrak{B}} \right)$

$$\begin{array}{ccc}
E^{\mathfrak{B}} & \xrightarrow{\quad \nu \quad} & \mathrm{End}\ \mathcal{C}_k \\
{\scriptstyle pr} \downarrow & \searrow^{\nu_n} & \downarrow {\scriptstyle kan} \\
E^{\mathfrak{B}}_n = E^{\mathfrak{B}}/(p^n) & \xrightarrow[\bar{\nu}_n]{} & \mathrm{End}\ \hat{\mathcal{C}}_{nk}
\end{array}$$

Ist dann $\widehat{E^{\mathcal{B}}} = \varprojlim_{n} E^{\mathcal{B}}/(p^n)$ die Komplettierung von $E^{\mathcal{B}}$ in der p-adischen Topologie, so induziert ν einen Ringhomomorphismus

$$\hat{\nu} : \widehat{E^{\mathcal{B}}} \longrightarrow \operatorname{End} \mathcal{C}_k .$$

<u>Zeige</u>: $\hat{\nu}$ <u>und die</u> $\bar{\nu}_n$ <u>sind Isomorphismen.</u>

(Anleitung : Für jedes $\varphi : \prod_m \mathcal{C}_{nk} \longrightarrow \mathcal{C}_{nk}$ gibt es ein $X \in E_n^{\mathcal{B}}$ mit dem kommutativen Diagramm

$$\begin{array}{ccc} \hat{\mathcal{C}}_n & \xrightarrow{\bar{\nu}_n(X)} & \hat{\mathcal{C}}_n \\ \downarrow{\scriptstyle p_m} & & \downarrow{\scriptstyle p_0} \\ \prod_m \mathcal{C}_n & \xrightarrow{\varphi} & \mathcal{C}_n \end{array}$$

und $\bar{\nu}_n(X)$ ist durch φ eindeutig bestimmt. Daraus erhält man die Surjektivität der Abbildungen $\bar{\nu}_n$ und ν ; für die Injektivität zeige man die Existenz einer Darstellung in der Gestalt

$$X = \sum_{\alpha \in J_m} X_\alpha \cdot e^m \cdot [B^\alpha] \in E^{\mathcal{B}}$$

für ein genügend grosses m mit $X_\alpha = \sum_r x_{r\alpha} \cdot \varphi^r$, $x_{r\alpha} \in \mathcal{C}(k)$, und weise nach, dass $\nu_n(X)$ die Komposition

$$\hat{\mathcal{C}}_{nk} \xrightarrow{\hat{u}^{-1}} \bigoplus_{J_m} \hat{\mathcal{C}}_{nk} \xrightarrow{(\nu_n(X_\alpha))_{\alpha \in J_m}} \hat{\mathcal{C}}_{nk}$$

ist.)

§5. Der Struktursatz für kommutative unipotente k-Gruppen

Wir konstruieren einen kontravarianten Funktor

$$\mathrm{M} : \underline{\mathrm{Acu}}_k \longrightarrow \underline{\mathrm{Mod}}_{D^{\mathfrak{B}}}$$

von der Kategorie der unipotenten kommutativen k-Gruppen in die Kategorie der $D^{\mathfrak{B}}$-Linksmoduln und zeigen mit Hilfe der Resultate von §4, dass M eine Antiäquivalenz zwischen $\underline{\mathrm{Acu}}_k$ und der vollen Unterkategorie der auswischbaren $D^{\mathfrak{B}}$- Moduln von $\underline{\mathrm{Mod}}_{D^{\mathfrak{B}}}$ induziert. Ist $\mathcal{H} \in \underline{\mathrm{Acu}}_k$ algebraisch und $\mathcal{G} \in \underline{\mathrm{Acu}}_k$ beliebig, so erhält man für alle $i \geq 0$ Isomorphismen

$$\underline{\mathrm{Acu}}_k^i(\mathcal{G}, \mathcal{H}) \xrightarrow{\sim} \underline{\mathrm{Ext}}^i_{D^{\mathfrak{B}}}(\mathrm{M}(\mathcal{H}), \mathrm{M}(\mathcal{G}))$$

und die Kategorie $\underline{\mathrm{Acu}}_k$ hat die cohomologische Dimension 2 . Es ergibt sich auch noch, dass die k-Gruppe $\mathcal{C}_k$ die projektive Dimension 1 hat, dh. $\underline{\mathrm{Acu}}_k^2(\mathcal{C}_k, \mathcal{G}) = 0$ für alle $\mathcal{G} \in \underline{\mathrm{Acu}}_k$.

5.1 Ist $\mathcal{G}$ eine unipotente kommutative k-Gruppe, so betrachten wir die Gruppen

$$\underline{\mathrm{Acu}}_k(\mathcal{G}, \mathcal{C}_{nk})$$

als $D^{\mathfrak{B}}$-Linksmoduln mit Hilfe der Homomorphismen $\mu_n : D^{\mathfrak{B}} \longrightarrow \mathrm{End}\, \mathcal{C}_{nk}$ nach 4.2. Nach der Folgerung zu Lemma 2.13 ist der durch $\mathfrak{t}$ induzierte Homomorphismus

$$\underline{\mathrm{Acu}}_k(\mathcal{G}, \mathcal{C}_{nk}) \xrightarrow{i \circ \mathfrak{t}} \underline{\mathrm{Acu}}_k(\mathcal{G}, \mathcal{C}_{n+1k})$$

ein $D^{\mathcal{B}}$-Modulhomomorphismus, und wir definieren den $D^{\mathcal{B}}$-Modul $M(\mathcal{G})$ durch

$$M(\mathcal{G}) = \varinjlim_n \underline{Acu}_k(\mathcal{G}, \mathcal{C}_{nk}) ,$$

wobei der Limes bezüglich der Homomorphismen $\underline{Acu}_k(\mathrm{Id}, \mathcal{A})$ zu nehmen ist. Wir können dabei $\underline{Acu}_k(\mathcal{G}, \mathcal{C}_{nk})$ mit dem Untermodul

$$M(\mathcal{G})_n = \{ m \in M(\mathcal{G}) \mid (\mathcal{V}^n).m = 0 \}$$

identifizieren. Wird daher $\mathcal{G}$ von der n-fachen Verschiebung annuliert, so erhalten wir aus Lemma 4.4 : $M(\mathcal{G}) = M(\mathcal{G})_n$.
Insbesondere sind die $D^{\mathcal{B}}$-Moduln $M(\mathcal{G})$ auswischbar, dh. für jedes $m \in M(\mathcal{G})$ gilt $(\mathcal{V}^n).m = 0$ für genügend grosses n. Setzen wir für einen Gruppenhomomorphismus $g : \mathcal{G} \longrightarrow \mathcal{H}$,

$$M(g) = \varinjlim_n \underline{Acu}_k(g, \mathrm{Id}_{\mathcal{C}_{nk}}) : M(\mathcal{H}) \longrightarrow M(\mathcal{G})$$

so erhalten wir einen kontravarianten Funktor von der Kategorie $\underline{Acu}_k$ in die Kategorie der auswischbaren $D^{\mathcal{B}}$-Moduln.

<u>Struktursatz</u>: <u>Der Funktor</u> M <u>ist eine Antiäquivalenz von der Kategorie</u> $\underline{Acu}_k$ <u>der kommutativen unipotenten</u> k-<u>Gruppen auf die Kategorie der auswischbaren</u> $D^{\mathcal{B}}$-<u>Moduln</u>.

Beweis: (vgl. den Beweis für den perfekten Fall in [2] V, §1, 4.3.)
(a) Ist $\mathcal{G} = \varprojlim_i \mathcal{G}_i$ der projektive Limes eines gefilterten Systems $(\mathcal{G}_i)$, so ist der induzierte Homomorphismus $\varinjlim_i M(\mathcal{G}_i) \xrightarrow{\sim} M(\mathcal{G})$ ein Isomorphismus (vgl. [2] V, §2, 3.3).

(b) Nach Definition ist $\mathfrak{M}$ linksexakt und wir wollen zeigen, dass $\mathfrak{M}$ exakt ist. Sei hierzu $i : \mathcal{H} \to \mathcal{G}$ ein Monomorphismus in $\underline{Acu}_k$. Wegen (a) können wir $\mathcal{G}$ und $\mathcal{H}$ algebraisch voraussetzen. Da $\mathcal{G}/\mathcal{H}$ eine Kompositionsreihe mit Faktoren isomorph zu Untergruppen von α_k hat, können wir zudem annehmen, dass $\mathcal{G}/\mathcal{H}$ isomorph zu einer Untergruppe von α_k ist. Nach Lemma 4.5 gibt es dann zu jedem $f \in \underline{Acu}_k(\mathcal{H}, \mathcal{C}_{nk})$ ein $g \in \underline{Acu}_k(\mathcal{G}, \mathcal{C}_{n+1\,k})$ mit $g \circ i = 1 \circ f$, und $\mathfrak{M}(i)$ ist daher surjektiv.

(c) $\mathfrak{M}$ ist volltreu, dh. $\mathfrak{M} : \underline{Acu}_k(\mathcal{H}, \mathcal{G}) \xrightarrow{\sim} \underline{Mod}_{D^{\mathcal{B}}}(\mathfrak{M}(\mathcal{G}), \mathfrak{M}(\mathcal{H}))$ ist bijektiv. Dies ist klar für $\mathcal{G} = \mathcal{C}_{nk}$, denn die Komposition

$$\underline{Acu}_k(\mathcal{H}, \mathcal{C}_{nk}) \longrightarrow \underline{Mod}_{D^{\mathcal{B}}}(\mathfrak{M}(\mathcal{C}_{nk}), \mathfrak{M}(\mathcal{H})) \xrightarrow{\sim} \mathfrak{M}(\mathcal{H})_n$$

ist die Identität. Ist $\mathcal{G} \in \underline{Acu}_k$ algebraisch, so folgt die Behauptung aus der Existenz einer exakten Sequenz der Gestalt

$$0 \longrightarrow \mathcal{G} \longrightarrow \mathcal{C}_{nk}^{r} \longrightarrow \mathcal{C}_{nk}^{s}$$

nach Satz 4.5, und für ein beliebiges $\mathcal{G}$ verwende man (a).

(d) Es bleibt noch zu zeigen, dass jeder auswischbare $D^{\mathcal{B}}$-Modul N isomorph ist zu einem $\mathfrak{M}(\mathcal{G})$ mit $\mathcal{G} \in \underline{Acu}_k$. Wegen (a) genügt es, dies für endlich erzeugte $D^{\mathcal{B}}$-Moduln nachzuweisen. Dann gilt aber für ein genügend grosses n : $(\mathfrak{v}^n)\cdot N = 0$ und wir erhalten eine exakte Sequenz

$$(D_n^{\mathcal{B}})^s \xrightarrow{\varphi} (D_n^{\mathcal{B}})^r \longrightarrow N \longrightarrow 0$$

da $D_n^{\mathcal{B}}$ linksnoethersch ist. Nach (c) ist $\varphi = \mathfrak{M}(f)$ für einen Homomorphismus $f : \mathcal{C}_{nk}^{r} \longrightarrow \mathcal{C}_{nk}^{s}$, und aus der Exaktheit von $\mathfrak{M}$ folgt $\mathfrak{M}(\mathrm{Ker}\, f) \xrightarrow{\sim} N$.

Korollar 1: $\mathfrak{G} \in \underline{\mathrm{Acu}}_k$ ist genau dann algebraisch (bzw. endlich) wenn $M(\mathfrak{G})$ endlich erzeugt (bzw. von endlicher Länge) ist.

Korollar 2: $\mathcal{C}_{nk}$ ist ein injektiver Cogenerator in der Kategorie der unipotenten kommutativen k-Gruppen, welche von der n-fachen Verschiebung annuliert werden.

Bemerkung: Für eine Verallgemeinerung des Struktursatzes auf beliebige Körper der Charakteristik p vergleiche man [7] §10 (siehe auch Aufgabe 3).

5.2 Bezeichnen wir mit $\underline{\mathfrak{A}} \subset \underline{\mathrm{Mod}}_{D^{\mathfrak{B}}}$ die volle Unterkategorie der auswischbaren $D^{\mathfrak{B}}$-Moduln, so erhalten wir für alle $i \geq 0$ und alle $\mathfrak{G}, \mathcal{H} \in \underline{\mathrm{Acu}}_k$ kanonische Isomorphismen

$$\underline{\mathrm{Acu}}_k^i(\mathfrak{G}, \mathcal{H}) \xrightarrow{\sim} \underline{\mathfrak{A}}^i(M(\mathcal{H}), M(\mathfrak{G}))$$

und daher auch kanonische Homomorphismen

$$\varphi^i : \underline{\mathrm{Acu}}_k^i(\mathfrak{G}, \mathcal{H}) \longrightarrow \underline{\mathrm{Ext}}^i_{D^{\mathfrak{B}}}(M(\mathcal{H}), M(\mathfrak{G}))$$

Da jede Erweiterung von zwei auswischbaren $D^{\mathfrak{B}}$-Moduln wieder auswischbar ist, ist φ^1 offensichtlich ein Isomorphismus. Im Falle eines perfekten Körper k kann man auch zeigen, dass die φ^i Isomorphismen sind für alle i (vgl. [2] V, §1, 5.1). Hier haben wir nun folgendes etwas schwächere Resultat:

<u>Satz</u>: (1) <u>Sind</u> $\mathfrak{G}, \mathfrak{H} \in \underline{Acu_k}$, <u>so ist</u>

$$\varphi^1 : \underline{Acu}_k^1(\mathfrak{G}, \mathfrak{H}) \xrightarrow{\sim} \underline{Ext}^1_{D\mathfrak{a}}(M(\mathfrak{H}), M(\mathfrak{G}))$$

<u>ein Isomorphismus.</u>

(2) <u>Sind</u> $\mathfrak{G}, \mathfrak{H} \in \underline{Acu_k}$ <u>und ist</u> $\mathfrak{H}$ <u>algebraisch</u>, <u>so ist</u>

$$\varphi^i : \underline{Acu}_k^i(\mathfrak{G}, \mathfrak{H}) \xrightarrow{\sim} \underline{Ext}^i_{D\mathfrak{a}}(M(\mathfrak{H}), M(\mathfrak{G}))$$

<u>ein Isomorphismus für alle</u> $i \geq 0$.

(3) <u>Sind</u> $\mathfrak{G}, \mathfrak{H} \in \underline{Acu_k}$, <u>so gilt</u>

$$\underline{Acu}_k^i(\mathfrak{G}, \mathfrak{H}) = 0 \quad \underline{\text{für}} \quad i \geq 3$$

<u>und</u>

$$\underline{Acu}_k^2(\mathfrak{G}, \prod_m \mathcal{C}_{nk}) = 0 \quad \underline{\text{für alle}} \quad m \geq 0,\ n \geq 1 .$$

<u>Beweis</u>: Wir zeigen zunächst, dass der Funktor $\underline{Acu}_k^1(\ ?\ , \alpha_k)$ rechtsexakt ist. Sei hierzu $i : \mathfrak{H} \longrightarrow \mathfrak{G}$ ein Monomorphismus in $\underline{Acu_k}$. Wegen $\varinjlim_j \underline{Acu}_k^i(\mathfrak{G}_j, \alpha_k) \to \underline{Acu}_k^i(\varprojlim_j \mathfrak{G}_j, \alpha_k)$ für jedes gefilterte projektive System $(\mathfrak{G}_j)$ ([2] V, §2, Corollaire 3.9) können wir $\mathfrak{G}$ algebraisch voraussetzen. Dann ist $V^n_{\mathfrak{G}} = V^n_{\mathfrak{H}} = 0$ für genügend grosses n und die Homomorphismen

$$\underline{Acu}_k^1(Id, \Phi^n) : \underline{Acu}_k^1(\mathfrak{G}, \alpha_k) \longrightarrow \underline{Acu}_k^1(\mathfrak{G}, \mathcal{C}_{n+1\,k})$$

$$\underline{Acu}_k^1(Id, \Phi^n) : \underline{Acu}_k^1(\mathfrak{H}, \alpha_k) \longrightarrow \underline{Acu}_k^1(\mathfrak{H}, \mathcal{C}_{n+1\,k})$$

sind die Nullhomomorphismen (man beachte, dass jede Erweiterung von $\mathfrak{G}$ mit α_k von der n+1-fachen Verschiebung annuliert wird und verwende 5.1 Korollar 2). Mit Hilfe des Isomorphismus $\bigoplus_{I_1} \mathcal{C}_{nk} \xrightarrow{\sim} \prod_1 \mathcal{C}_{nk}$

und der exakten Sequenz

$$0 \longrightarrow \alpha_k \xrightarrow{\Delta^n} \mathcal{C}_{n+1\,k} \xrightarrow{\#} \prod_1 \mathcal{C}_{nk} \longrightarrow 0$$

erhalten wir daher das kommutative Diagramm mit exakten Zeilen

$$\begin{array}{ccccccc}
\underline{\mathrm{Acu}}_k(\mathcal{G}, \mathcal{C}_{n+1}) & \longrightarrow & \underline{\mathrm{Acu}}_k(\mathcal{G}, \bigoplus_{I_1} \mathcal{C}_n) & \longrightarrow & \underline{\mathrm{Acu}}_k^1(\mathcal{G}, \alpha_k) & \longrightarrow & 0 \\
\downarrow u & & \downarrow v & & \downarrow \underline{\mathrm{Acu}}_k^1(i, \alpha_k) & & \\
\underline{\mathrm{Acu}}_k(\mathcal{H}, \mathcal{C}_{n+1}) & \longrightarrow & \underline{\mathrm{Acu}}_k(\mathcal{H}, \bigoplus_{I_1} \mathcal{C}_n) & \longrightarrow & \underline{\mathrm{Acu}}_k^1(\mathcal{H}, \alpha_k) & \longrightarrow & 0 \\
\downarrow & & \downarrow & & & & \\
0 & & 0 & & & &
\end{array}$$

und die Abbildungen $u = \underline{\mathrm{Acu}}_k(i, \mathrm{Id})$ und $v = \underline{\mathrm{Acu}}_k(i, \mathrm{Id})$ sind surjektiv (verwende Lemma 4.5 und Lemma 4.4). $\underline{\mathrm{Acu}}_k^1(\,?\,, \alpha_k)$ ist also rechtsexakt und es gilt daher

$$\underline{\mathrm{Acu}}_k^i(\mathcal{G}, \alpha_k) = 0 \quad \text{für } i \geqslant 2 \text{ und } \mathcal{G} \in \mathrm{Acu}_k . \qquad (*)$$

Nach Satz 4.3 (3) haben wir eine exakte Sequenz

$$0 \longrightarrow (D^{\mathcal{B}})^{I_1} \longrightarrow D^{\mathcal{B}} \longrightarrow k[F] \longrightarrow 0$$

und es gilt daher

$$\underline{\mathrm{Ext}}_k^i(k[F], \,?\,) = 0 \quad \text{für } i \geqslant 2$$

woraus die Behauptung (2) für $\mathcal{H} = \alpha_k$ folgt. Hieraus ergibt sich aber auch die Behauptung (2) für jede Untergruppe $\mathfrak{U}$ von α_k (man verwende die Existenz einer exakten Sequenz $0 \to \mathfrak{U} \to \alpha_k \to \alpha_k \to 0$). Da jede algebraische unipotente k-Gruppe eine Kompositionsreihe mit Faktoren isomorph zu Untergruppen von α_k besitzt, ist damit (2) vollständig bewiesen. Zudem folgt $\underline{\mathrm{Acu}}_k^i(\mathcal{G}, \mathcal{H}) = 0$ für $i \geqslant 3$

und $\mathcal{H}$ algebraisch, und die zweite Behauptung von (3) ergibt sich hieraus unter Verwendung von [2] V, §2, Lemme 3.5 . Für die erste Behauptung von (3) benutze man (*) und beachte, dass jedes $\prod_m \mathcal{C}_{nk}$ eine Kompositionsreihe mit Faktoren isomorph zu α_k besitzt.

5.3 <u>Satz</u>: <u>Für beliebige</u> $m \geqslant 0$, $n > 0$ <u>und</u> $\mathcal{H} \in \underline{\mathrm{Acu}}_k$ <u>gilt</u> :

$$\underline{\mathrm{Acu}}_k^1(\mathcal{C}_k, \prod_m \mathcal{C}_{nk}) = \underline{\mathrm{Acu}}_k^1(\mathcal{C}_k, \hat{\mathcal{C}}_{nk}) = \underline{\mathrm{Acu}}_k^1(\mathcal{C}_k, \mathcal{C}_k) = 0$$

<u>und</u>

$$\underline{\mathrm{Acu}}_k^2(\mathcal{C}_k, \mathcal{H}) = 0 .$$

<u>Beweis</u>: a) Aus der exakten Sequenz

$$0 \longrightarrow \mathcal{C}_k \xrightarrow{p\cdot \mathrm{Id}} \mathcal{C}_k \longrightarrow \hat{\mathcal{C}}_{1k} \longrightarrow 0$$

erhält man die exakte Folge (Satz 5.2 (3))

$$\underline{\mathrm{Acu}}_k^1(\mathcal{C}_k, \alpha_k) \xrightarrow{p\cdot \mathrm{Id}} \underline{\mathrm{Acu}}_k^1(\mathcal{C}_k, \alpha_k) \longrightarrow 0$$

und wegen $p \cdot \mathrm{Id} = 0$ daher $\underline{\mathrm{Acu}}_k^1(\mathcal{C}_k, \alpha_k) = 0$. Hieraus folgt wie im Beweis von Satz 5.2 $\underline{\mathrm{Acu}}_k^2(\mathcal{C}_k, \mathcal{H}) = 0$ für jedes $\mathcal{H} \in \underline{\mathrm{Acu}}_k$.

b) Jede exakte Sequenz $E : \quad 0 \to \mathcal{C}_k \xrightarrow{g} \mathcal{G} \xrightarrow{h} \mathcal{C}_k \to 0$ ist projektiver Limes von exakten Sequenzen

$$\begin{array}{lccccccccc}
 & & & \vdots & & \vdots & & \vdots & & \\
 & & & \downarrow \pi & & \downarrow \varphi_{n+1} & & \| & & \\
E_{n+1} : & 0 & \longrightarrow & \mathcal{C}_{n+1} & \xrightarrow{g_{n+1}} & \mathcal{G}_{n+1} & \xrightarrow{h_{n+1}} & \mathcal{C}_k & \longrightarrow & 0 \\
 & & & \downarrow \pi & & \downarrow \varphi_n & & \| & & \\
E_n \quad : & 0 & \longrightarrow & \mathcal{C}_n & \xrightarrow{g_n} & \mathcal{G}_n & \xrightarrow{h_n} & \mathcal{C}_k & \longrightarrow & 0
\end{array}$$

welche nach a) alle spalten. Bezeichnen wir mit $S_n \subset \underline{\mathrm{Acu}}_k(\mathcal{C}_k, \mathcal{G}_n)$ die Menge der Schnitte von h_n in E_n, so sind nach dem folgenden Lemma die durch φ_n induzierten Abbildungen $S_{n+1} \to S_n$ surjektiv und $S = \varprojlim_n S_n \subset \underline{\mathrm{Acu}}_k(\mathcal{C}_k, \mathcal{G})$ ist daher nicht leer. Da jedes Element $\sigma \in S$ ein Schnitt von h in E ist, spaltet die Sequenz E und es gilt also $\underline{\mathrm{Acu}}_k^1(\mathcal{C}_k, \mathcal{C}_k) = 0$. Der Beweis von $\underline{\mathrm{Acu}}_k^1(\mathcal{C}_k, \hat{\mathcal{C}}_{nk}) = 0$ ergibt sich ganz entsprechend auch aus dem folgenden Lemma und sei dem Leser als Uebung überlassen.

Lemma: Die durch $\pi_n : \mathcal{C}_k \longrightarrow \mathcal{C}_{nk}$ induzierten Homomorphismen

$$\underline{\mathrm{Acu}}_k(\mathrm{Id}, \pi_n) \; : \; \underline{\mathrm{Acu}}_k(\mathcal{C}_k, \mathcal{C}_k) \longrightarrow \underline{\mathrm{Acu}}_k(\mathcal{C}_k, \mathcal{C}_{nk})$$

sind surjektiv. Insbesondere gilt dies auch für die Homomorphismen

$$\underline{\mathrm{Acu}}_k(\mathrm{Id}, \pi) \; : \; \underline{\mathrm{Acu}}_k(\mathcal{C}_k, \mathcal{C}_{n+1k}) \longrightarrow \underline{\mathrm{Acu}}_k(\mathcal{C}_k, \mathcal{C}_{nk})$$

$$\underline{\mathrm{Acu}}_k(\mathrm{Id}, p) \; : \; \underline{\mathrm{Acu}}_k(\mathcal{C}_k, \prod_{m+1} \mathcal{C}_{nk}) \longrightarrow \underline{\mathrm{Acu}}_k(\mathcal{C}_k, \prod_m \mathcal{C}_{nk}) .$$

Beweis: (vgl. Aufgabe am Schluss von §4.) Für jeden Homomorphismus $\rho : \mathcal{C}_k \longrightarrow \mathcal{C}_{nk}$ gibt es eine Faktorisierung

$$\rho : \mathcal{C}_k \xrightarrow{\text{kan.}} \prod_m \mathcal{C}_{nk} \xrightarrow{\rho'} \mathcal{C}_{nk}$$

und die Komposition

$$\varphi : \bigoplus_{I_m} \mathcal{C}_{nk} \xrightarrow[\sim]{u} \prod_m \mathcal{C}_{nk} \xrightarrow{\rho'} \mathcal{C}_{nk}$$

lässt sich "hochheben" zu einem Homomorphismus $\tilde{\varphi} : \bigoplus_{I_m} \mathcal{C}_k \longrightarrow \mathcal{C}_k$ nach Satz 4.3 (5). Wir erhalten daraus ein kommutatives Diagramm

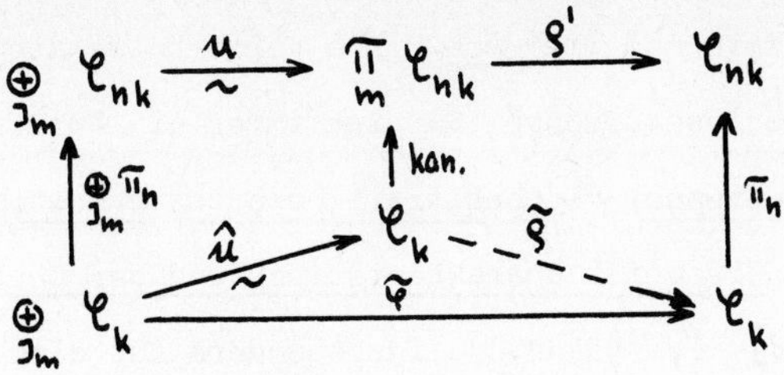

Der Homomorphismus $\tilde{\varrho} = \tilde{\varphi} \circ \hat{u}^{-1} : \mathcal{C}_k \longrightarrow \mathcal{C}_k$ ist daher ein Urbild

von ϱ unter $\underline{Acu}_k(\mathrm{Id}, \bar{\pi}_n)$. Hieraus ergeben sich die ersten beiden

Behauptungen und die letzte erhält man unter Verwendung des kommutativen

Diagramms

$$
\begin{array}{ccc}
\bigoplus_{J_m} \bar{\pi}_1 \mathcal{C}_{nk} & \xrightarrow{\ \bigoplus_{J_m} p\ } & \bigoplus_{J_m} \mathcal{C}_{nk} \\[2mm]
{\scriptstyle s}\big\downarrow{\scriptstyle \bar{\pi}_1 u} & & {\scriptstyle s}\big\downarrow{\scriptstyle u} \\[2mm]
\bar{\pi}_{m+1} \mathcal{C}_{nk} & \xrightarrow{\ p\ } & \bar{\pi}_m \mathcal{C}_{nk}
\end{array}
$$

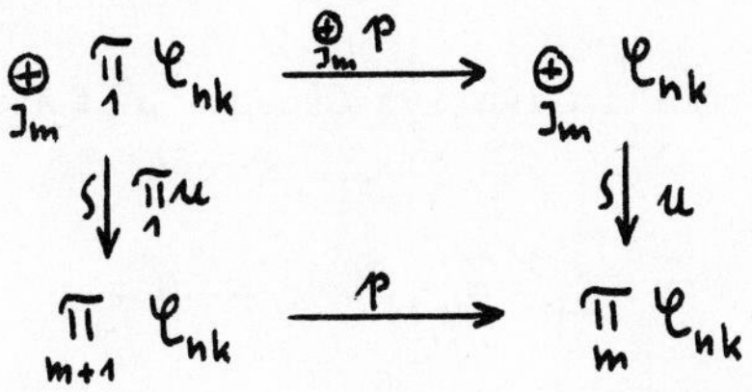

nach Satz 2.14 (2).

<u>Bemerkung</u>: Nach den Sätzen 5.2 und 5.3 hat die Kategorie $\underline{Acu}_k$ die

cohomologische Dimension $\leqslant 2$ und die k-Gruppe $\mathcal{C}_k$ die projektive

Dimension $\leqslant 1$. Es ist jedoch leicht zu sehen, dass in beiden Fällen

das Gleichheitszeichen gilt (vgl. Aufgabe 3).

5.4 <u>Uebungsaufgaben</u>:

<u>Aufgabe 1</u>: Zeige unter Verwendung von Lemma 2.13 und Satz 5.2 (3),

dass <u>die Abbildungen</u>

$$
\underline{Acu}_k^1(\pi, \mathrm{Id}) : \underline{Acu}_k^1(\mathcal{C}_{nk}, \alpha_k) \longrightarrow \underline{Acu}_k^1(\mathcal{C}_{n+1\,k}, \alpha_k)
$$

<u>die Nullhomomorphismen sind.</u> Dies liefert einen neuen Beweis für

$\underline{Acu}_k^1(\mathcal{C}_k, \alpha_k) = 0$.

Aufgabe 2: Wir bezeichnen mit $\underline{Acm}_k$ die volle Unterkategorie von $\underline{Ac}_k$ der multiplikativen Gruppen (k ist immer ein Körper mit p-Basis $\mathcal{B}$) Jede kommutative k-Gruppe $\mathcal{M}$ besitzt eine grösste multiplikative Untergruppe $\mathcal{M}^m$; diese ist charakteristisch und der Quotient $\mathcal{M}/\mathcal{M}^m$ ist unipotent ([2] IV, §3, 1.1). Insbesondere ist also für $\mathcal{M} \in \underline{Acm}_k$ und $\mathcal{G} \in \underline{Acu}_k$

$$\underline{Ac}_k(\mathcal{G}, \mathcal{M}) = \underline{Ac}_k(\mathcal{M}, \mathcal{G}) = 0$$

und

$$\underline{Ac}_k^1(\mathcal{M}, \mathcal{G}) = 0$$

Zudem gilt für jede multiplikative Gruppe $\mathcal{M} \in \underline{Acm}_k$ nach [2] III, §6, Corollaire 5.2

$$\underline{Ac}_k^1(\alpha_k, \mathcal{M}) = 0 .$$

Zeige: a) Sind $\mathcal{N}, \mathcal{M} \in \underline{Acm}_k$, so sind die kanonischen Homomorphismen

$$\underline{Acm}_k^i(\mathcal{N}, \mathcal{M}) \xrightarrow{\sim} \underline{Ac}_k^i(\mathcal{N}, \mathcal{M})$$

bijektiv.

b) Sind $\mathcal{G}, \mathcal{H} \in \underline{Acu}_k$, so sind die kanonischen Homomorphismen

$$\underline{Acu}_k^i(\mathcal{G}, \mathcal{H}) \xrightarrow{\sim} \underline{Ac}_k^i(\mathcal{G}, \mathcal{H})$$

bijektiv.

c) Ist $\mathcal{G} \in \underline{Ac}_k$ und $\mathcal{U} \in \underline{Acu}_k$, so gilt

$$\underline{Ac}_k^i(\mathcal{G}, \mathcal{U}) = 0 \quad \text{für} \quad i \geq 3 .$$

d) Ist $\mathcal{M}$ multiplikativ, so ist

$$\underline{Ac}_k^1(\mathcal{C}_{nk}, \mathcal{M}) = \underline{Ac}_k^1(\hat{\mathcal{C}}_{nk}, \mathcal{M}) = \underline{Ac}_k^1(\mathcal{C}_k, \mathcal{M}) = 0 .$$

e) *Ist* $\mathfrak{P}$ *projektiv in* $\underline{Acu}_k$ (bzw. *in* $\underline{Ac}_k$) *so sind die Verschiebung* $V_{\mathfrak{P}}$ *und der Frobeniushomomorphismus* $F_{\mathfrak{P}}$ *Monomorphismen*.

f) *Ist* k *separabel abgeschlossen*, *so hat die Kategorie* $\underline{Ac}_k$ *die cohomologische Dimension* 3.

Aufgabe 3: a) *Ist* k *ein beliebiger Körper der Charakteristik* $p > 0$ *so hat die Kategorie* $\underline{Acu}_k$ *die cohomologische Dimension* 2.

b) *Ist* k *ein separabel abgeschlossener Körper der Charakteristik* $p > 0$, *so hat die Kategorie* $\underline{Ac}_k$ *die cohomologische Dimension* 3.

Kapitel II. $\mathcal{R}$-Moduln und Einheitengruppen

In diesem Kapitel studieren wir die affinen Moduln über einem affinen kommutativen zusammenhängenden k-Ring $\mathcal{R}$ und speziell ihre rationalen Punkte. Jeder solche Modul ist unipotent und zusammenhängend. Ist der k-Ring $\mathcal{R}$ zudem algebraisch, so gibt es auf $\mathcal{R}$ die Struktur einer $\mathcal{W}_k$-Algebra, und wir folgern hieraus unter der zusätzlichen (offensichtlich notwendigen) Voraussetzung $[k : k^p] < \infty$, dass für jeden algebraischen $\mathcal{R}$-Modul $\mathcal{M}$ die rationalen Punkte $\mathcal{M}(k)$ einen $\mathcal{R}(k)$-Modul endlicher Länge bilden; insbesondere ist $\mathcal{R}(k)$ ein artinscher Ring.

Wir nennen dann einen (zusammenhängenden,kommutativen, affinen, nicht notwendig algebraischen) k-Ring $\mathcal{R}$ einen EL-Ring, wenn für jeden algebraischen $\mathcal{R}$-Modul $\mathcal{M}$ die rationalen Punkte $\mathcal{M}(k)$ einen $\mathcal{R}(k)$-Modul endlicher Länge bilden. Ist k perfekt, so ist jeder zusammenhängende k-Ring ein EL-Ring; man sieht jedoch am Beispiel $\overset{\infty}{\mathcal{W}}_k = \varprojlim_F \mathcal{W}_k$ (= projektiver Limes des Systems $\cdots \xrightarrow{F} \mathcal{W}_k \xrightarrow{F} \mathcal{W}_k \xrightarrow{F} \mathcal{W}_k$) dass dies im allgemeinen nicht gilt (für $[k : k^p] = \infty$ gibt es überhaupt keine EL-Ringe!).

Ist nun $\mathcal{R}$ ein EL-Ring, $\mathcal{M}$ ein $\mathcal{R}$-Modul und versieht man den $\mathcal{R}(k)$-Modul $\mathcal{M}(k)$ mit der prodiskreten Topologie, so erhält man einen Funktor

$$?(k) : \mathcal{M}od_{\mathcal{R}} \longrightarrow \widehat{\text{Mod}}_{\mathcal{R}(k)}$$

von der Kategorie der $\mathcal{R}$-Moduln in die Kategorie der profiniten $\mathcal{R}(k)$-Moduln; dieser besitzt einen Linksadjungierten $G_{\mathcal{R}}$, welcher mit projektiven gefilterten Limiten vertauscht. Im perfekten Falle ist $?(k)$ ein exakter Funktor und $G_{\mathfrak{a}}$ eine volltreue Einbettung. Dies gilt jedoch im allgemeinen nicht mehr, und wir studieren daher die "Hindernisse" für die Exaktheit.

Mit Hilfe dieser Methoden ist es dann möglich, zu jedem vollständigen diskreten Bewertungsring S mit Restklassenkörper k einen EL-Ring $\mathcal{S}$ und einen Isomorphismus $\mathcal{S}(k) \xrightarrow{\sim} S$ zu konstruieren. Die Einheitengruppe $U(S) = \mathcal{S}^*$ ist dann eine k-Gruppenstruktur auf den Einheiten S^* von S, dh. die rationalen Punkte von $U(S)$ sind isomorph zu S^*, und wir erhalten folgenden Struktursatz:

1) Die Einseinheiten $U^1(S) \subset U(S)$ bilden einen direkten Faktor von $U(S)$.

2) Es gibt einen Epimorphismus $B : \mathcal{C}_k^e \longrightarrow U^1(S)$ mit proetalem Kern ($e = e_S$ = absolute Verzeigungsordnung von S) und B ist genau dann ein Isomorphismus, wenn $\frac{e}{p-1}$ nicht ganz ist.

Einige Spezialfälle dieser Resultate findet man schon in [3], [5], oder auch in [2] V, §4 (vgl. auch [8] §1.).

§6. k-Ringe, Idempotentenschemata und $\mathcal{R}$-Moduln

Ist $\mathcal{R}$ eine affines zusammenhängendes Ringschema über einem Körper k, so ist jeder affine $\mathcal{R}$-Modul zusammenhängend und unipotent. Ist der k-Ring zudem algebraisch, so besitzt er die Struktur einer $\mathcal{W}_k$-Algebra.

Das k-Schema Idem$\mathcal{R}$ der idempotenten Elemente von $\mathcal{R}$ ist proetal, und unter Benutzung der minimalen Idempotenten kann man jeden k-Ring $\mathcal{R}$ als Produkt von lokalen k-Ringen darstellen. Insbesondere bilden die rationalen Punkte $\mathcal{R}(k)$ eines algebraischen k-Ringes $\mathcal{R}$ einen semilokalen Ring mit nilpotentem Radikal. Hat k endlichen p-Grad $[k : k^p]_p$, so ist $\mathcal{R}(k)$ sogar artinsch.

Diese Resultate gelten alle unter der Voraussetzung, dass $\mathcal{R}$ ein kommutatives k-Ringschema ist. In den Arbeiten [3] und [5] finden sich auch einige Untersuchungen im nicht-kommutativen Fall, allerdings nur für glatte, algebraische k-Ringe über einem algebraisch abgeschlossenen Grundkörper k (Man vergleiche hierzu auch die Uebungsaufgaben am Schluss dieses Paragraphen).

6.1 Ist k ein Körper, so verstehen wir im folgenden unter einem <u>k-Ring</u> immer ein <u>affines kommutatives k-Ringschema mit Einselement</u> $1 \in \mathcal{R}(k)$. Die Bezeichnungen $\mathcal{R}$-<u>Modul</u>, $\mathcal{R}$-<u>Ideal</u> oder auch nur <u>Ideal</u> und $\mathcal{R}$-<u>Algebra</u> sind reserviert für affine $\mathcal{R}$-Moduln, affine Ideale und affine $\mathcal{R}$-Algebren mit Eins. Zur Unterscheidung reden wir dann in allgemeineren Situationen von $\mathcal{R}$-Modulfunktoren, Idealfunktoren und $\mathcal{R}$-Algebrenfunktoren bzw. von $\mathcal{R}$-Modulgarben, Idealgarben und $\mathcal{R}$-Algebrengarben. Ist z.B. A eine kommutative k-Algebra endlicher k-Dimension und M ein A-Modul endlicher Länge, so ist A_a ein k-Ring und M_a ein A_a-Modul, wobei A_a bzw. M_a folgendermassen definiert sind (vgl. [2] II, §1, 2.1): $A_a(R) = R \otimes_k A$, $M_a(R) = R \otimes_k M$ für $R \in \underline{M}_k$.

Für einen k-Ring $\mathcal{R}$ bezeichnen wir mit $\mathcal{R}^+$ die <u>unterliegende additive Gruppe</u>, mit $\mathcal{R}^{\times}$ das <u>unterliegende multiplikative Monoid</u> und mit $\mathcal{R}^*$ die <u>Einheitengruppe</u> von $\mathcal{R}$; wir nennen $\mathcal{R}$ unipotent bzw. multiplikativ, wenn $\mathcal{R}^+$ diese Eigenschaft hat. Entsprechende Bezeichnungen verwenden wir auch für $\mathcal{R}$-Moduln. Nach [2] V, §2, 2.2 ist die Kategorie $\mathcal{M}od_{\mathcal{R}}$ der $\mathcal{R}$-Moduln eine <u>proartinsche Kategorie</u>, die artinschen Objekte sind die algebraischen $\mathcal{R}$-Moduln. Für die Definition der proartinschen Kategorie und ihre Eigenschaften vergleiche man [2] II, §1, 2.1.

Ist $\mathcal{R}$ ein k-Ring, $\{ q_\alpha : \mathcal{R} \to \mathcal{R}_\alpha \}$ das System der algebraischen Restklassenringe, so versehen wir $\mathcal{R}(k)$ mit der Limestopologie, wobei alle $\mathcal{R}_\alpha(k)$ die diskrete Topologie besitzen (vgl. 3.6); diese Topologie heisst die <u>prodiskrete Topologie auf $\mathcal{R}(k)$</u>. Wir werden uns in §7. noch ausführlich mit den rationalen Punkten von k-Ringen und $\mathcal{R}$-Moduln befassen.

6.2 <u>Satz</u>: <u>Ist</u> $\mathcal{R}$ <u>ein zusammenhängender</u> k-<u>Ring und</u> $\mathcal{M}$ <u>ein</u> $\mathcal{R}$-<u>Modul</u>, <u>so ist</u> $\mathcal{M}$ <u>zusammenhängend und unipotent</u>; <u>insbesondere ist</u> $\mathcal{R}$ <u>selber unipotent</u>.

Beweis: Wir kopieren im Wesentlichen des Beweis der Proposition 1.2 in [2] V, §4. Zunächst können wir ohne Beschränkung der Allgemeinheit $\mathcal{R}$ und $\mathcal{M}$ algebraisch voraussetzen. Da $\mathcal{R}$ zusammenhängend ist, ist die Zusammenhangskomponente $\mathcal{M}^0$ der Null von $\mathcal{M}$ ein Untermodul von $\mathcal{M}$. Da $\mathcal{M}/\mathcal{M}^0$ etal ist, ist auch das Endomorphismenschema $\mathcal{E} = \mathcal{E}nd_k(\mathcal{M}/\mathcal{M}^0, \mathcal{M}/\mathcal{M}^0)$ etal und jeder Morphismus $\rho : \mathcal{R} \longrightarrow \mathcal{E}$ daher konstant. Ist ρ insbesondere der Strukturmorphismus, so erhalten wir daher $0 = \rho(0) = \rho(1) = \mathrm{Id}$, und daher $\mathcal{M}/\mathcal{M}^0 = 0$, also $\mathcal{M} = \mathcal{M}^0$.
Nun ist aber auch der multiplikative Bestandteil $\mathcal{M}^m$ von $\mathcal{M}$ eine charakteristische Untergruppe von $\mathcal{M}$ und daher ein Untermodul. Da auch das Schema der Gruppenendomorphismen einer multiplikativen Gruppe etal ist, folgt wie oben $\mathcal{M}^m = 0$, und damit unsere Behauptung (vgl. [2] IV, §1, 3.4).

Bemerkung: Aus obigem Beweis geht hervor, dass die Behauptungen des Satzes auch für nicht-kommutative, zusammenhängende k-Ringschemata mit Eins richtig sind.

6.3 Für einen k-Ring $\mathcal{R}$ definieren wir das affine k-Schema $\mathrm{Idem}\,\mathcal{R}$ der idempotenten Elemente von $\mathcal{R}$ durch

$$\mathrm{Idem}\,\mathcal{R} = \mathrm{Ker}(\mathcal{R} \overset{?^2}{\underset{\mathrm{Id}}{\rightrightarrows}} \mathcal{R}).$$

$\mathrm{Idem}\,\mathcal{R}(R)$ ist daher für jedes $R \in \underline{M}_k$ die Menge der idempotenten Elemente von $\mathcal{R}(R)$ und besitzt folglich die Struktur einer Boolschen Algebra ($e \wedge f = e \cdot f$, $e \vee f = e + f - e \cdot f$) und auch eines Boolschen Ringes ($e \cdot f = e \cdot f$, $e \mp f = (e-f)^2$). Wir werden öfters

Idem $\mathfrak{R}$ als k-Gruppe mit der Addition $\tilde{+}$ oder auch als k-Ring auffassen.

Ist $\mathfrak{R}$ algebraisch, $\bar{k}$ der algebraische Abschluss von k, so ist $\mathfrak{R}(\bar{k})$ ein artinscher Ring: Wir können hierzu $k=\bar{k}$ algebraisch abgeschlossen und $\mathfrak{R}$ reduziert und zusammenhängend voraussetzen. Ist dann $\mathfrak{a} = \sum_{i=1}^{n} \mathfrak{R}(k) \cdot a_i$ ein endlich erzeugtes Ideal von $\mathfrak{R}(k)$, so ist das Bild des Homomorphismus $\varphi : \mathfrak{R}^n \longrightarrow \mathfrak{R}$ gegeben durch $\varphi(r_1,\ldots,r_n) = \sum_{i=1}^{n} r_i a_i$ ein reduziertes zusammenhängendes Ideal $\mathfrak{A}$ von $\mathfrak{R}$ mit $\mathfrak{A}(k) = \mathfrak{a}$. Aus Dimensionsgründen ist daher $\mathfrak{R}$ noethersch und artinsch. Für einen algebraischen k-Ring ist daher Idem $\mathfrak{R}(k)$ endlich und die minimalen Elemente $\{e_1,e_2,\ldots,e_s\}$ in der Boolschen Algebra Idem $\mathfrak{R}(k)$ nennen wir auch minimale Idempotente. Es gilt $e_i \cdot e_j = 0$ für $i \neq j$ und $\sum_{i=1}^{s} e_i = 1$, und wir erhalten daher einen Isomorphismus

$$\mathfrak{R} \xrightarrow{\sim} \prod_{i=1}^{s} \mathfrak{R}_i$$

von k-Ringen, wobei $\mathfrak{R}_i$ durch $\mathfrak{R}_i(R) = e_i \cdot \mathfrak{R}(R) \subseteq \mathfrak{R}(R)$ definiert ist ($R \in \underline{M}_k$) und ein k-Ring mit Einselement e_i ist. Zudem gilt nach Konstruktion Idem $\mathfrak{R}_i(k) = \{0,e_i\}$.

Ist $\varphi : \mathfrak{R} \longrightarrow \mathfrak{S}$ ein k-Ringhomomorphismus, so haben wir einen induzierten Homomorphismus Idem φ : Idem $\mathfrak{R} \longrightarrow$ Idem $\mathfrak{S}$ von Boolschen Algebren (oder auch von Boolschen Ringen), und für jeden gefilterten projektiven Limes $\mathfrak{R} = \varprojlim_{\alpha} \mathfrak{R}_\alpha$ von k-Ringen ist der induzierte Homomorphismus Idem $\mathfrak{R} \xrightarrow{\sim} \varprojlim_{\alpha}$(Idem $\mathfrak{R}_\alpha$) ein Isomorphismus.

<u>Satz: Das Schema Idem $\mathfrak{A}$ der idempotenten Elemente eines k-Ringes $\mathfrak{A}$ ist proetal, und für jeden Restklassenring $\varphi: \mathfrak{A} \longrightarrow \mathfrak{B}$ ist der induzierte Morphismus Idem φ : Idem $\mathfrak{A} \longrightarrow$ Idem $\mathfrak{B}$ ein Epimorphismus von k-Gruppen, surjektiv auf den rationalen Punkten.</u>

<u>Beweis</u>: Es genügt, den Fall eines algebraischen Ringes $\mathfrak{A}$ zu betrachten.

a) Wir betrachten $\mathfrak{J}$ = Idem $\mathfrak{A}$ als k-Gruppe (siehe oben) und erhalten das kommutative Diagramm

$$\begin{array}{ccccccccc}
0 & \longrightarrow & \mathrm{Lie}\,\mathfrak{J} & \longrightarrow & \mathfrak{J}(k[\varepsilon]) & \longrightarrow & \mathfrak{J}(k) & \longrightarrow & 0 \\
 & & \downarrow & & \downarrow & & \downarrow & & \\
0 & \longrightarrow & \mathrm{Lie}\,\mathfrak{A}^{+} & \longrightarrow & \mathfrak{A}(k[\varepsilon]) & \longrightarrow & \mathfrak{A}(k) & \longrightarrow & 0 \\
 & & {?^2}\downarrow\downarrow \mathrm{Id} & & {?^2}\downarrow\downarrow \mathrm{Id} & & {?^2}\downarrow\downarrow \mathrm{Id} & & \\
0 & \longrightarrow & \mathrm{Lie}\,\mathfrak{A}^{+} & \longrightarrow & \mathfrak{A}(k[\varepsilon]) & \longrightarrow & \mathfrak{A}(k) & \longrightarrow & 0
\end{array}$$

und folglich $\mathrm{Lie}\,\mathfrak{J} = \mathrm{Ker}(\mathrm{Lie}\,\mathfrak{A}^{+} \overset{?^2}{\underset{\mathrm{Id}}{\rightrightarrows}} \mathrm{Lie}\,\mathfrak{A}^{+})$. Nun gilt aber nach dem folgenden Lemma $(\mathrm{Lie}\,\mathfrak{A}^{+})^2 = 0$, also $\mathrm{Lie}\,\mathfrak{J} = 0$ und $\mathfrak{J}$ ist daher etal ([2] II, §5, Proposition 1.4).

b) Da Idem $\mathfrak{A}$ etal ist, können wir für den Beweis der zweiten Behauptung den Grundkörper k perfekt voraussetzen. Ist $\bar{k}$ der algebraische Abschluss von k, $\varphi : \mathfrak{A} \longrightarrow \mathfrak{B}$ ein Restklassen-Ring, so ist $\varphi(\bar{k}): \mathfrak{A}(\bar{k}) \longrightarrow \mathfrak{B}(\bar{k})$ surjektiv und daher auch Idem $\varphi(\bar{k})$: Idem $\mathfrak{A}(\bar{k}) \longrightarrow$ Idem $\mathfrak{B}(\bar{k})$. Nun hat aber Idem $\varphi(\bar{k})$ einen kanonischen Schnitt σ : Idem $\mathfrak{B}(\bar{k}) \longrightarrow$ Idem $\mathfrak{A}(\bar{k})$ welcher ein Homomorphismus von Boolschen Algebren ist : Jedes minimale Idempotente e von $\mathfrak{B}(\bar{k})$ hat genau ein Urbild in $\mathfrak{A}(\bar{k})$, welches minimal ist. Der Schnitt σ ist daher invariant unter der Aktion der Galoisgruppe $\Gamma = \mathrm{Gal}(\bar{k}/k)$ auf $\mathfrak{A}(\bar{k})$ und $\mathfrak{B}(\bar{k})$, und induziert folglich einen Schnitt σ_0 : Idem $\mathcal{S}(k) \longrightarrow$ Idem $\mathcal{R}(k)$ von Idem $\varphi(k)$, woraus die Behauptung folgt.

Lemma: Ist $\mathcal{R}$ ein algebraischer k-Ring, so ist Lie $\mathcal{R}^+$ ein Ideal in $\mathcal{R}(k[\varepsilon])$ mit $(\text{Lie}\,\mathcal{R}^+)^2 = 0$.

Beweis: Nach Definition ist Lie $\mathcal{R}^+ = \text{Ker}(\mathcal{R}(q): \mathcal{R}(k[\varepsilon]) \longrightarrow \mathcal{R}(k))$ mit q = kanonische Projektion : $k[\varepsilon] \longrightarrow k$. Da $\mathcal{R}(q)$ ein Ringhomomorphismus ist, ist Lie $\mathcal{R}^+$ ein Ideal in $\mathcal{R}(k[\varepsilon])$. Sei nun $\varphi : \mathcal{R}^\times \hookrightarrow M_{nk}$ eine treue Darstellung des Monoids $\mathcal{R}^\times$ (vgl. [2] II, §2, 3.3) und sei $w = \varphi(0) \in M_n(k)$. Es gilt dann für alle $x \in (\mathcal{R}(R)) \subseteq M_n(R)$ mit $R \in \underline{M}_k$: $w \cdot x = x \cdot w = w$, und aus dem kommutativen Diagramm

$$\begin{array}{ccc} \mathcal{R}(k[\varepsilon]) & \hookrightarrow & M_n(k[\varepsilon]) \\ \downarrow \mathcal{R}(q) & & \downarrow M_n(q) \\ \mathcal{R}(k) & \hookrightarrow & M_n(k) \end{array}$$

folgt: $\varphi(k[\varepsilon])(\text{Lie}\,\mathcal{R}^+) = \varphi(k[\varepsilon])(\mathcal{R}(q)^{-1}(0)) \subseteq M_n(q)^{-1}(w) = $
$= w + \varepsilon \cdot M_n(k)$. Ist daher $a,b \in \text{Lie}\,\mathcal{R}^+$, $\varphi(a) = w + \varepsilon \cdot x$ und $\varphi(b) = w + \varepsilon \cdot y$, so erhalten wir:

$$\varphi(ab) = \varphi(a) \cdot \varphi(b) = (w + \varepsilon \cdot x)\, \varphi(b) = w + \varepsilon \cdot x \cdot \varphi(b) = w + \varepsilon x w .$$

Dieses Resultat ist unabhängig von b und es gilt daher $ab =$
$= a \cdot 0 = 0$, also die Behauptung.

6.4 Satz: Ist $\mathcal{R}$ ein algebraischer k-Ring mit Idem $\mathcal{R}(k) = \{0,1\}$, so ist $\mathcal{R}(k)$ ein lokaler Ring mit nilpotentem Maximalideal.

Beweis: Nach Satz 6.3 ist $\text{Idem}\,\mathfrak{R}(k^{p^{-\infty}}) = \text{Idem}\,\mathfrak{R}(k) = \{0,1\}$, und die Galoisgruppe $\Gamma = \text{Gal}(k_s/k)$ operiert daher transitiv auf der Menge $\{e_1, e_2, \dots, e_n\} \subseteq \text{Idem}\,\mathfrak{R}(\bar{k})$ der minimalen Idempotenten von $\mathfrak{R}(\bar{k})$, und daher auch transitiv auf der Menge der Maximalideale von $\mathfrak{R}(\bar{k})$ (6.3). Ist daher $\mathfrak{m} \subset \mathfrak{R}(k)$ ein Maximalideal von $\mathfrak{R}(k)$, so enthält $\mathfrak{m}$ kein Einheiten von $\mathfrak{R}(\bar{k})$ (betrachte die Multiplikation $m\text{Id} : \mathfrak{R} \longrightarrow \mathfrak{R}$ mit einem Element aus $\mathfrak{m}$). Es ergibt sich daher aus dem vorangehenden, dass $\mathfrak{m}$ in allen Maximalidealen von $\mathfrak{R}(\bar{k})$ enthalten ist, und damit die Behauptung.

Einen k-Ring $\mathfrak{R}$ nennen wir lokal, wenn die rationalen Punkte $\mathfrak{R}(k)$ einen lokalen Ring bilden. Das folgende Korollar ergibt sich unmittelbar aus obigem Satz, sowie der Tatsache, dass ein gefilterter projektiver Limes von lokalen Ringen wieder ein lokaler Ring ist, unter Verwendung von Satz 6.3.

Folgerung 1: Ein k-Ring $\mathfrak{R}$ ist genau dann lokal, wenn $\text{Idem}\,\mathfrak{R}(k) = \{0,1\}$ gilt.

Folgerung 2: Jeder k-Ring $\mathfrak{R}$ ist isomorph zu einem Produkt von lokalen k-Ringen.

Beweis: Für einen algebraischen k-Ring folgt dies unmittelbar aus dem vorangehenden. Für einen beliebigen k-Ring $\mathfrak{R}$ sei $\{\varphi_\alpha : \mathfrak{R} \longrightarrow \mathfrak{R}_\alpha\}_{\alpha \in A}$ das System der algebraischen Restklassenringe von $\mathfrak{R}$, und $E_\alpha \subseteq \text{Idem}\,\mathfrak{R}_\alpha(k)$ die Menge der minimalen Idempotenten. Aus dem Beweis Teil b) von Satz 6.3 folgt, dass es zu jedem Homomorphismus $\varphi_{\alpha\beta}: \mathcal{R}_\alpha \to \mathcal{R}_\beta$ des projektiven Systems A eine eindeutig bestimmte Abbildung $\sigma_{\alpha\beta}: E_\beta \longrightarrow E_\alpha$ gibt, mit $\varphi_{\alpha\beta}(\sigma_{\alpha\beta}(e)) = e$ für $e \in E_\beta$. Nach Konstruktion erhalten wir $\sigma_{\alpha\beta} \circ \sigma_{\beta\gamma} = \sigma_{\alpha\gamma}$ für $\alpha \geq \beta \geq \gamma$, und $E = \varinjlim E_\alpha$ lässt sich daher in kanonischer Weise in $\mathrm{Idem}\,\mathcal{R}(k)$ einbetten. Betrachten wir nun für jedes $e \in E$ den k-Ringfunktor $\mathcal{R}_e$ gegeben durch $\mathcal{R}_e(R) = e \cdot \mathcal{R}(R)$ für $R \in \underline{M}_k$, so ergibt sich sofort aus dem algebraischen Fall durch Übergang zum projektiven Limes, dass $\mathcal{R}_e$ ein k-Ring mit Einselement e und $\mathrm{Idem}\,\mathcal{R}_e(k) = \{0,e\}$ ist. Es ist daher $\mathcal{R}_e$ lokal und man sieht auch leicht, dass der kanonische Homomorphismus $\mathcal{R} \xrightarrow{\sim} \prod_{e \in E} \mathcal{R}_e$ ein Isomorphismus ist.

Bemerkung: Die Indexmenge E, welche wir bei der Produktzerlegung im obigen Beweis konstruiert und benutzt haben, kann folgendermassen interpretiert werden: E ist die Menge der minimalen Idempotenten von $\mathcal{R}(k)$ und entspricht eineindeutig der Menge der abgeschlossenen Maximalideale des Boolschen Ringes $\mathrm{Idem}\,\mathcal{R}(k)$ (abgeschlossen bez. der profiniten Topologie auf $\mathrm{Idem}\,\mathcal{R}(k)$); insbesondere ist $\mathrm{Idem}\,\mathcal{R}(k)$ ein sehr spezieller Typ eines Boolschen Ringes, nämlich ein Produkt von Kopien von $\mathbb{F}_2$ (die zugehörigen Boolschen Räume sind dadurch charakterisiert, dass in ihnen die isolierten Punkte dicht liegen).

6.5 Ist $k = \bar{k}$ algebraisch abgeschlossen und $\mathcal{R}$ ein glatter lokaler algebraischer k-Ring, so gibt es ein eindeutig bestimmtes glattes Ideal $\mathfrak{M} \subset \mathfrak{R}$ mit $\mathfrak{M}(k)$ = Maximalideal von $\mathfrak{R}(k)$ (vgl. 6.3; wir werden später sehen, dass dies auch für beliebige Grundkörper k gilt, vgl. §9.). Wir nennen $\mathfrak{M}$ <u>das Maximalideal von</u> $\mathfrak{R}$ und erhalten folgendes Resultat:

<u>Satz</u>: <u>Ist</u> $k = \bar{k}$ <u>algebraisch abgeschlossen und</u> $\mathfrak{R}$ <u>ein glatter zusammenhängender lokaler algebraischer k-Ring mit Maximalideal</u> $\mathfrak{M}$, <u>so gibt es einen eindeutig bestimmten k-Ringhomomorphismus</u>

$$q : \mathfrak{R} \longrightarrow k_a$$

<u>mit</u> $\operatorname{Ker} q = \mathfrak{M}$. <u>Ist insbesondere</u> $\mathfrak{R}(k)$ <u>ein Körper, so ist</u> $q : \mathfrak{R} \longrightarrow k_a$ <u>ein Isomorphismus.</u>

<u>Beweis</u>: Der Restklassenring $\bar{\mathfrak{R}} = \mathfrak{R}/\mathfrak{M}$ ist ein glatter zusammenhängender algebraischer k-Ring, dessen rationale Punkte $\bar{\mathfrak{R}}(k)$ einen Körper bilden. Es genügt daher zu zeigen, dass $\bar{\mathfrak{R}}$ isomorph zu k_a ist, denn k_a besitzt ausser der Identität keine Automorphismen.

Sei also $\mathfrak{R}(k)$ ein Körper; dann wird $\mathfrak{R}$ von der Verschiebung annuliert und wir erhalten einen Isomorphismus $\mathfrak{R}^+ \xrightarrow{\sim} \alpha_k^r$ (vgl. [2] IV, §3, Corollaire 6.9). Es ist daher $\mathfrak{R}^* = \mathfrak{R} - \{0\} \xrightarrow{\sim} \mathbb{A}_k^r - \{0\}$, und das Invertieren $x \mapsto x^{-1}$ induziert einen Isomorphismus $\rho : \mathbb{A}_k^r - \{0\} \xrightarrow{\sim} \mathbb{A}_k^r - \{0\}$. Wäre $r > 1$, so könnte man ρ eindeutig in den Nullpunkt fortsetzen, im Widerspruch zur Konstruktion. Es gilt daher $\mathfrak{R}^+ \xrightarrow{\sim} \alpha_k$ und wir überlassen es dem Leser zu zeigen, dass die kanonische Ringstruktur k_a auf α_k die einzige Ringstruktur auf der Gruppe α_k ist, deren Einselement die $1 \in \alpha(k) = k$ ist. (vgl. auch [5] Proposition 7.1).

6.6 <u>Satz</u>: <u>Ist $\mathcal{R}$ ein proglatter lokaler k-Ring und</u> $q: \mathcal{R} \to k_a$ <u>ein Ringhomomorphismus mit proglattem Kern</u> $\mathfrak{M} = \operatorname{Ker} q$, <u>so gibt es einen eindeutig bestimmten Ringhomomorphismus</u>

$$\varphi : \mathcal{W}_k \longrightarrow \mathcal{R}$$

<u>derart, dass die Komposition</u> $q \circ \varphi : \mathcal{W}_k \longrightarrow k_a$ <u>die kanonische Projektion ist.</u>

<u>Beweis:</u> Wegen der Eindeutigkeitsaussage genügt es, den algebraischen Fall zu betrachten: $\mathcal{R}$ ist projektiver Limes von glatten lokalen algebraischen k-Restklassenringen $p_\alpha : \mathcal{R} \longrightarrow \mathcal{R}_\alpha$ mit der Eigenschaft, dass $q : \mathcal{R} \longrightarrow k_a$ über alle p_α faktorisiert.
Im algebraischen Falle gibt es ein $m \geq 0$ mit $\mathfrak{M}(k)^{m+1} = 0$. Ist dann V die Verschiebung auf $\mathcal{R}^+$ und U die Verschiebung auf $\mathcal{R}^\times$ (man beachte, dass bei der Konstruktion der Verschiebung in [2] IV, §3, n°4 nur die Monoidstruktur benützt wird), so erhalten wir einen Morphismus

$$\psi : \mathcal{W}_{m+1} \circ \mathcal{R}^{(p^m)} \longrightarrow \mathcal{R}$$

definiert durch $\psi(r_0, \dots, r_m) = \sum_{i=0}^{m} V^i \circ U^{m-i}(r_i)$ für $(r_0, \dots, r_m) \in \mathcal{W}_{m+1}(\mathcal{R}^{(p^m)}(R))$, $R \in \underline{M}_k$. Wegen

$$\psi \circ F^m = \sum_{i=0}^{m} V^i \circ F^i \circ U^{m-i} \circ F^{m-i} = \sum_{i=0}^{m} p^i \circ ?^{p^i} = \phi_{m+1}$$

(vgl. 1.5), ist mit ϕ_{m+1} auch ψ ein Ringhomomorphismus. Da offensichtlich $V^i \circ U^{m-i} \,|\, \mathfrak{M}^{(p^m)} = 0$ gilt, faktorisiert ψ über $\mathcal{W}_{m+1}(q^{(p^m)}) : \mathcal{W}_{m+1} \circ \mathcal{R}^{(p^m)} \to \mathcal{W}_{m+1,k}$ und definiert einen Ringhomomorphismus

$$\varphi_{m+1} : \mathcal{W}_{m+1,k} \longrightarrow \mathcal{R} .$$

Man sieht leicht, dass die Komposition $\varphi: \mathcal{W}_k \xrightarrow{\text{kan}} \mathcal{W}_{m+1,k} \xrightarrow{\varphi_{m+1}} \mathcal{R}$ die verlangten Eigenschaften hat, und die Eindeutigkeit ergibt sich aus der universellen Eigenschaft der Wittschen Vektoren $\mathcal{W}(k^{p^{-\infty}})$ (3.7). (Man vergleiche auch den Beweis von Théorème 3.7 in [3]).

Zusammen mit Satz 6.5 erhalten wir daher folgendes Korollar:

Folgerung: Ist $k = \bar{k}$ algebraisch abgeschlossen, $\mathcal{R}$ ein lokaler zusammenhängender glatter algebraischer k-Ring mit Maximalideal $\mathfrak{M}$ und $q: \mathcal{R} \longrightarrow k_a$ die eindeutig bestimmte Projektion mit Ker $q = \mathfrak{M}$, so gibt es genau einen Ringhomomorphismus

$$\varphi : \mathcal{W}_k \longrightarrow \mathcal{R}$$

derart, dass $q \circ \varphi : \mathcal{W}_k \longrightarrow k_a$ die kanonische Projektion ist.

6.7 Es ist nun nicht schwierig, aus den vorangehenden Ergebnissen folgenden Satz herzuleiten:

Ist k algebraisch abgeschlossen, so besitzt jeder zusammenhängende algebraische k-Ring die Struktur einer $\mathcal{W}_k$-Algebra.

Man hat hierbei nur zu beachten, dass $\mathcal{R}_{red} \subseteq \mathcal{R}$ ein glatter k-Unterring ist, und sich als Produkt von lokalen zusammenhängenden k-Ringen darstellen lässt.

Es geht nun im Folgenden darum, dieses Ergebnis auf beliebige Grundkörper zu verallgemeinern, und eine entsprechende Aussage für nicht notwendig algebraische k-Ringe herzuleiten.

<u>Lemma</u> : <u>Sei</u> $\mathfrak{A}$ <u>ein zusammenhängender algebraischer k-Ring und</u> $\mathfrak{J} \subset \mathfrak{A}$ <u>ein einfaches infinitesimales Ideal</u>. <u>Dann gilt</u> :

(a) $\mathfrak{J}^+$ <u>ist isomorph zu</u> ${}_p\alpha_k^r$ <u>für ein</u> $r > 0$.

(b) <u>Es gibt ein</u> $n > 0$ <u>derart</u>, <u>dass für alle</u> $R \in \underline{\underline{M}}_k$ <u>und alle</u> $x \in \mathfrak{J}(R)$ <u>gilt</u> : $x^{p^n} = 0$.

<u>Beweis</u>: Sei $F : \mathfrak{A} \longrightarrow \mathfrak{A}^{(p)}$ der Frobeniushomomorphismus und ${}_F\mathfrak{A} = \operatorname{Ker} F$ der Frobeniuskern. Dann ist ${}_F\mathfrak{J} = \operatorname{Ker}(F : \mathfrak{J} \longrightarrow \mathfrak{J}^{(p)})$ nicht null und daher ${}_F\mathfrak{J} = \mathfrak{J}$, da $\mathfrak{J}$ einfach und ${}_F\mathfrak{J} = \mathfrak{J} \cap {}_F\mathfrak{A}$ ein Ideal ist. Sei weiter $V : \mathfrak{A}^{(p)} \longrightarrow \mathfrak{A}$ die Verschiebung (bezüglich der additiven Struktur $\mathfrak{A}^+$); dann ist das Bild $V(\mathfrak{J}^{(p)})$ von $\mathfrak{J}^{(p)} \subset \mathfrak{A}^{(p)}$ ein Ideal enthalten in $\mathfrak{J}$ und verschieden von $\mathfrak{J}$: wir betrachten die bilineare Abbildung

$$u : \mathfrak{A} \times \mathfrak{J} \longrightarrow \mathfrak{J}$$

gegeben durch die Idealstruktur auf $\mathfrak{J}$. Nach [2] IV, §3, Corollaire 4.7 hat man dann für $R \in \underline{\underline{M}}_k$, $x \in \mathfrak{A}(R)$ und $y \in \mathfrak{J}^{(p)}(R)$ folgende Formel :

$$V_{\mathfrak{J}}\,(u^{(p)}(Fx, y)) = u(x, V_{\mathfrak{J}}\,y)$$

und es gilt daher $x \cdot V_{\mathfrak{J}}\, y = V_{\mathfrak{J}}(Fx \cdot y) \in V_{\mathfrak{J}}(\mathfrak{J}^{(p)})$, also ist $V_{\mathfrak{J}}(\mathfrak{J}^{(p)})$ ein Ideal in $\mathfrak{J}$. Wegen der Einfachheit von $\mathfrak{J}$, wird damit $\mathfrak{J}$ auch von der Verschiebung annuliert, und die Behauptung (a) folgt aus [2] IV, §3, Théorème 6.6.

Betrachten wir nun die möglichen "Multiplikationen" $m : \mathfrak{J} \times \mathfrak{J} \longrightarrow \mathfrak{J}$ auf $\mathfrak{J} = {}_p\alpha_k^r$, so ist jede solche gegeben durch eine Matrix $(\lambda_{ij}^{\nu})_{i,j=1,..,r}^{\nu=1,..,r}$ mit $\lambda_{ij}^{\nu} \in k$ und

$$m((x_1,..,x_r),(y_1,..,y_r)) = (\sum_{i,j} \lambda_{ij}^1 x_i y_j , \ldots , \sum_{i,j} \lambda_{ij}^r x_i y_j)$$

für alle $R \in \underline{M}_k$ und $x_i, y_j \in \mathfrak{J}(R)$ (Man beachte, dass das Endomorphismenschema der Gruppe ${}_p\alpha_k$ in kanonischer Weise zu α_k isomorph ist). Es folgt hieraus, dass das Element $x^s = \underbrace{x \cdot x \cdot \ldots \cdot x}_{s}$ für $x = (x_1,..,x_r) \in \mathfrak{J}(R)$ von der Gestalt

$$\Big(\sum_{(i_\mu)} \lambda_{i_1 \ldots i_s}^1 x_{i_1} \cdots x_{i_s} , \ldots , \sum_{(i_\mu)} \lambda_{i_1 \ldots i_s}^r x_{i_1} \cdots x_{i_s} \Big)$$

ist mit geeigneten Koeffizienten $\lambda_{i_1 \ldots i_s}^{\nu} \in k$. Ist daher $s > (p-1) \cdot r$, so kommt in jedem Ausdruck $\sum_{(i_\mu)} \lambda_{i_1 \ldots i_s}^{\nu} x_{i_1} \cdots x_{i_s}$ ein x_{i_μ} mindestens p mal vor und es gilt daher $\lambda_{i_1 \ldots i_s}^{\nu} x_{i_1} \cdots x_{i_s} = 0$ für alle ν und alle $(i_1,..,i_s)$. Wir erhalten daraus $x^s = 0$ für $s > (p-1) \cdot r$ und damit die Behauptung (b).

6.8 Satz : Sei $\varrho : \mathfrak{R}' \longrightarrow \mathfrak{R}$ ein Ringhomomorphismus von algebraischen k-Ringen, ϱ ein Epimorphismus auf den unterliegenden additiven Gruppen und $\operatorname{Ker} \varrho$ infinitesimal. Besitzt dann $\mathfrak{R}$ eine $\mathcal{W}_k$ -Algebrastruktur $\varphi : \mathcal{W}_k \longrightarrow \mathfrak{R}$, so gibt es auch auf $\mathfrak{R}'$ eine $\mathcal{W}_k$ -Algebrastruktur $\varphi' : \mathcal{W}_k \longrightarrow \mathfrak{R}'$ mit einem kommutativen Diagramm

$$\begin{array}{ccc} \mathcal{W}_k & \xrightarrow{F^m} & \mathcal{W}_k \\ {\scriptstyle \varphi'}\downarrow & & \downarrow{\scriptstyle \varphi} \\ \mathfrak{R}' & \xrightarrow{\varrho} & \mathfrak{R} \end{array}$$

für ein geeignetes $m \geq 0$.

Beweis: Zunächst ist klar, dass wir uns auf den Fall $\mathfrak{R} = \mathfrak{W}_{nk}$ $n \geq 1$ beschränken können. Zudem besitzt $\mathfrak{I} = \operatorname{Ker} \rho$ eine Kompositionsreihe (als $\mathfrak{R}'$-Modul) mit einfachen Faktoren, und wir können daher durch Induktion voraussetzen, dass $\mathfrak{I}$ ein einfaches Ideal ist. Nach Lemma 6.7 gibt es dann ein $s > 0$ mit $x^s = 0$ für alle $x \in \mathfrak{I}(R)$ $R \in \underline{M}_k$. Wir setzen $N = \max(n,s)$ und betrachten den k-Ring $\mathfrak{S} = \mathfrak{W}_{N+1} \circ \mathfrak{R}'$ und den k-Ringhomomorphismus (1.5)

$$\psi : \mathfrak{S} \longrightarrow \mathfrak{R}'$$

gegeben durch $\psi((z_o,\ldots,z_N)) = \sum_{i=0}^{N} p^i \cdot z^{p^{N-i}}$ für $z_i \in \mathfrak{R}'(R)$.

Sei nun $\mathfrak{A} \subset \mathfrak{R}'$ der Idealfunktor gegeben durch

$$\mathfrak{A}(R) = \mathfrak{I}(R) + p \cdot \mathfrak{R}'(R) \quad \text{für} \quad R \in \underline{M}_k .$$

Nach Definition gilt dann $\psi((z_o,\ldots,z_N)) = 0$ für $z_i \in \mathfrak{A}(R)$:
Ist $z_i = x_i + p \cdot r_i \in \mathfrak{I}(R) + p \cdot \mathfrak{R}'(R)$, so gilt wegen $p \cdot x_i = 0$

$$z_i^{p^t} = x_i^{p^t} + (p \cdot r_i)^{p^t}$$

für $t \geq 0$ und daher

$$\psi((z_o,\ldots,z_N)) = \sum_{i=0}^{N} p^i \cdot x_i^{p^{N-i}} + \sum_{i=0}^{N} p^i \cdot (p\, r_i)^{p^{N-i}}$$

$$= x_i^{p^N} + \sum_{i=0}^{N} p^{i+p^{N-i}} \cdot r_i^{p^{N-i}} = 0$$

wegen $p^N = 0$ in $\mathfrak{R}'(k)$ (man beachte, dass $\rho(k) : \mathfrak{R}'(k) \to \mathfrak{W}_n(k)$ injektiv ist). Aus der Definition von $\mathfrak{A}$ geht aber hervor, dass jeder k-Ringhomomorphismus $g : \mathfrak{R}' \longrightarrow \mathfrak{T}$ mit $\operatorname{Ker} g \supset \mathfrak{A}$ über den Quotienten $q : \mathfrak{R}' \xrightarrow{\rho} \mathfrak{W}_{nk} \xrightarrow{pr} k_a$ faktorisiert. Der

Homomorphismus ψ faktorisiert daher über $\mathfrak{W}_{N+1}(q) : \mathfrak{W}_{N+1} \circ \mathfrak{R}' \longrightarrow \mathfrak{W}_{N+1,k}$ und induziert einen Ringhomomorphismus $\bar{\psi} : \mathfrak{W}_{N+1,k} \longrightarrow \mathfrak{R}'$ und damit eine $\mathfrak{W}_k$-Algebrastruktur auf $\mathfrak{R}'$. Für die letzte Behauptung genügt es nun noch zu zeigen, dass die Ringhomomorphismen $f : \mathfrak{W}_k \longrightarrow \mathfrak{W}_{nk}$ von der Gestalt $f = F^m \circ pr_n = pr_n \circ F^m$ sind mit geeignetem $m \geq 0$ (pr_n = kanonische Projektion von $\mathfrak{W}_k$ auf $\mathfrak{W}_{nk}$). Hierzu können wir $k = \bar{k}$ algebraisch abgeschlossen voraussetzen, und die Behauptung ergibt sich aus Satz 6.6 zusammen mit der Tatsache, dass die $F^m : k_a \longrightarrow k_a$ die einzigen Ringhomomorphismen von k_a nach k_a sind.

6.9 <u>Satz</u> : <u>Ist</u> $\mathfrak{R}$ <u>ein zusammenhängender algebraischer k-Ring, so besitzt</u> $\mathfrak{R}$ <u>die Struktur einer</u> $\mathfrak{W}_k$<u>-Algebra</u>.

<u>Beweis</u>: Für genügend grosses n ist $\mathfrak{R} /_{F^n}\mathfrak{R}$ ein glatter k-Ring, und wir können daher nach Satz 6.8 $\mathfrak{R}$ glatt voraussetzen. Nach Satz 6.6 gibt es dann einen Ringhomomorphismus

$$\varphi : \mathfrak{W}_{\bar{k}} \longrightarrow \mathfrak{R} \otimes_k \bar{k}$$

mit $q_i \circ \varphi = pr : \mathfrak{W}_{\bar{k}} \longrightarrow \bar{k}_a$, wobei die $q_i : \mathfrak{R} \otimes_k \bar{k} \longrightarrow \bar{k}_a$ die Ringhomomorphismen mit Ker $q_i = \mathfrak{M}_i$ = Maximalideal von $\mathfrak{R} \otimes_k \bar{k}$ durchlaufen. Dieses φ ist aber bereits über der perfekten Hülle $k^{p^{-\infty}} \subset \bar{k}$ definiert : Ist $\sigma \in \mathrm{Gal}(\bar{k} / k^{p^{-\infty}})$, so permutiert σ die Maximalideale von $\mathfrak{R} \otimes_k \bar{k}$ und es gilt daher für $\varphi^\sigma : \mathfrak{W}_{\bar{k}} \longrightarrow \mathfrak{R}_{\bar{k}}$ auch $q_i \circ \varphi^\sigma = pr : \mathfrak{W}_{\bar{k}} \longrightarrow \bar{k}_a$, und daher wegen der Eindeutigkeit $\varphi^\sigma = \varphi$. Wir erhalten somit einen Ringhomomorphismus

$\varphi' : \mathfrak{W}_{k^{p^{-\infty}}} \longrightarrow \mathfrak{R} \otimes_k k^{p^{-\infty}}$. Da $\mathfrak{R}$ algebraisch ist, ist φ' bereits über einer endlichen Erweiterung k'/k, $k' \subset k^{p^{-\infty}}$ definiert. Es gibt also ein $n > 0$ und einen Ringhomomorphismus

$$\varphi'' : \mathfrak{W}_{k^{p^{-n}}} \longrightarrow \mathfrak{R} \otimes_k k^{p^{-n}}$$

Wenden wir hierauf die Weilrestriktion $\prod_{k^{p^{-n}}/k}$ an, so erhalten wir durch Komposition mit dem kanonischen Ringhomomorphismus

$$\sigma : \prod_{k^{p^{-n}}/k} \mathfrak{R} \otimes_k k^{p^{-n}} \longrightarrow \mathfrak{R}^{(p^n)}$$

gegeben durch $\sigma(R) = \mathfrak{R}(?^{p^n}) : \mathfrak{R}(\,_k(R \otimes_k k^{p^{-n}})) \longrightarrow \mathfrak{R}(\,_{f^n}R)$ einen Ringhomomorphismus

$$\sigma \circ \prod_{k^{p^{-n}}/k} \varphi'' : \prod_{k^{p^{-n}}/k} \mathfrak{W}_{k^{p^{-n}}} \longrightarrow \mathfrak{R}^{(p^n)}$$

und durch Einschränkung auf den Unterring $\mathfrak{W}_k \subset \prod_{k^{p^{-n}}/k} \mathfrak{W}_{k^{p^{-n}}}$ einen Ringhomomorphismus

$$\phi : \mathfrak{W}_k \longrightarrow \mathfrak{R}^{(p^n)}$$

Da $\mathfrak{R}$ glatt ist, ist $F^n : \mathfrak{R} \longrightarrow \mathfrak{R}^{(p^n)}$ ein Epimorphismus und die Behauptung folgt aus Satz 6.8.

6.10 Sei $\overset{\infty}{\mathfrak{W}}_k$ die "<u>universelle infinitesimale Überlagerung</u>" von $\mathfrak{W}_k$ dh. $\overset{\infty}{\mathfrak{W}}_k = \varprojlim \mathfrak{W}_k$ ist der projektive Limes des Systems $\ldots \xrightarrow{F} \mathfrak{W}_k \xrightarrow{F} \mathfrak{W}_k \xrightarrow{F} \mathfrak{W}_k \xrightarrow{F} \mathfrak{W}_k$, vgl. Bemerkung 3.1. Mit Hilfe dieses k-Ringes $\overset{\infty}{\mathfrak{W}}_k$ erhalten wir folgende Verallgemeinerung von Satz 6.9 :

Satz: Jeder zusammenhängende k-Ring besitzt die Struktur einer $\overset{\infty}{\mathcal{W}}_k$ -Algebra.

Beweis: Wegen 6.4 Folgerung 2 genügt es, den Fall eines lokalen k-Ringes zu betrachten. Nach Satz 6.9 besitzt jeder lokale algebraische zusammenhängende k-Ring die Struktur einer $\mathcal{W}_k$-Algebra und damit auch die Struktur einer $\overset{\infty}{\mathcal{W}}_k$ -Algebra. Es ist aber leicht zu sehen, dass die $\overset{\infty}{\mathcal{W}}_k$-Algebrastruktur eines lokalen zusammenhängenden algebraischen k-Ringes bis auf Automorphismen von $\overset{\infty}{\mathcal{W}}_k$ eindeutig ist : die $F^n_{\mathcal{W}_k}$ sind die einzigen Ringhomomorphismen in $\mathrm{End}_k\ \mathcal{W}_k$ (vgl. Beweis von Satz 6.8). Aus dieser Eindeutigkeit ergibt sich unmittelbar, dass sich die $\overset{\infty}{\mathcal{W}}_k$-Algebrastruktur auf den projektiven Limes von zusammenhängenden lokalen algebraischen Ringen übertragen lässt.

6.11 Uebungsaufgaben : Sei $\mathcal{R}$ ein nicht notwendig kommutatives k-Ringschema mit Einselement.

Zeige: 1) Ist $\mathcal{R}$ algebraisch und zusammenhängend, so ist $\mathcal{R}$ affin. (Verwende die Affinisierung $\psi_{\mathcal{R}} : \mathcal{R} \longrightarrow \mathrm{Spec}\ \mathcal{O}(\mathcal{R})$ und zeige durch Betrachtung der infinitesimalen Umgebungen $\mathcal{U}_n$ der Null in $\mathcal{R}$, dass $\mathcal{R}$ auf $\mathrm{Ker}\ \psi_{\mathcal{R}}$ trivial operiert, also $\psi_{\mathcal{R}}$ ein Isomorphismus ist; vgl. hierzu [2] III, §3, n°8, speziell den Beweis von Lemme 8.3)

Die obige Behauptung stimmt auch, wenn $\mathcal{R}$ nicht zusammenhängend ist (vgl. [5] n° 4); es gibt jedoch nicht algebraische k-Ringe, welche nicht affin sind.

2) Ist $\mathcal{R}$ affin und $\mathcal{R}^+$ multiplikativ, so ist $\mathcal{R}$ proetal und jeder $\mathcal{R}$ -Modul ist multiplikativ und proetal (vgl. [3] Theorème 1.3)

3) Ist $\mathfrak{R}$ affin und unipotent mit $\mathfrak{R}^0 \xrightarrow{\sim} \mathrm{Spec}\, k$, so gilt:

a) Ist k separabel abgeschlossen und $\mathfrak{R}(k)$ ein Körper, so ist $\mathfrak{R} \xrightarrow{\sim} K_k$, wobei K ein endlicher Körper der Charakteristik p ist.

b) Ist $\mathfrak{M}$ ein proglatter $\mathfrak{R}$-Modul, so ist $\mathfrak{M}$ unipotent.

c) Es gibt nicht triviale multiplikative $\mathfrak{R}$-Moduln und diese sind proinfinitesimal.

4) Ist $\mathfrak{R}$ algebraisch, so ist die Einheitengruppe $\mathfrak{R}^* \subset \mathfrak{R}$ offen in $\mathfrak{R}$. Ist $\mathfrak{R}$ zudem zusammenhängend, so ist auch $\mathfrak{R}^*$ zusammenhängend. (Die erste Behauptung gilt für beliebige algebraische k-Monoidschemata; sie gilt aber nicht für nicht algebraische Ringschemata)

5) Sei k algebraisch abgeschlossen und $\mathfrak{R}$ algebraisch und glatt. Ist dann das Zentrum von $\mathfrak{R}$ zusammenhängend, so gibt es eine exakte Sequenz

$$1 \longrightarrow \mathfrak{U} \longrightarrow \mathfrak{R}^* \longrightarrow \mathfrak{g} \longrightarrow 1$$

mit folgenden Eigenschaften :

a) $\mathfrak{U}$ ist unipotent

b) $\mathfrak{g}$ ist isomorph zu einem Produkt von Exemplaren von $\mathfrak{gl}_{nk}$ $n \geq 1$.

6) Jeder algebraische k-Ring $\mathfrak{R}$ lässt sich als abgeschlossener Unterring in einen Matrizenring M_{nk} einbetten.

Für weitere Eigenschaften von allgemeinen k-Ringen vergleiche [3], [4].

§7. Rationale Punkte von $\mathcal{R}$-Moduln und k-Ringen

Ist $\mathcal{R}$ ein algebraischer k-Ring ($[k : k^p] < \infty$) und $\mathcal{M}$ ein $\mathcal{R}$-Modul, so ist $\mathcal{M}(k)$ versehen mit der prodiskreten Topologie ein profiniter $\mathcal{R}(k)$-Modul. Wir erhalten so einen linksexakten Funktor

$$?(k) \; : \; \underline{Mod}_{\mathcal{R}} \longrightarrow \underline{\widehat{Mod}}\, \mathcal{R}(k)$$

von der Kategorie der $\mathcal{R}$-Moduln in die Kategorie der profiniten $\mathcal{R}(k)$-Moduln, und dieser besitzt einen Linksadjungierten $G_{\mathcal{R}}$, welcher mit gefilterten projektiven Limiten vertauscht. Da im allgemeinen der Funktor $?(k)$ nicht exakt ist, studieren wir anschliessend die "Hindernisse" für die Exaktheit. Für einen glatten k-Ring $\mathcal{R}$ erhalten wir dann das Resultat, dass der kanonische Homomorphismus

$$\varphi_{\mathcal{M}} \; : \; G_{\mathcal{R}}(\mathcal{M}(k)) \longrightarrow \mathcal{M}$$

für jeden proglatten $\mathcal{R}$-Modul ein Epimorphismus ist mit $\varphi_{\mathcal{M}}(k)$ bijektiv, und dass der kanonische Homomorphismus

$$\psi_M \; : \; M \longrightarrow G_{\mathcal{R}}(M)(k)$$

surjektiv ist für jeden profiniten $\mathcal{R}(k)$-Modul M. Speziell gibt es zu jedem vollständigen Noetherschen lokalen Ring S mit Restklassenkörper k einen proglatten k-Ring $\mathcal{S}$ und einen Isomorphismus $\mathcal{S}(k) \xrightarrow{\sim} S$.

Im ganzen Paragraphen ist k ein Körper mit p-Basis $\mathcal{B}$ (Bezeichnungen von 2.2).

7.1 Definition: Unter einem EL-Ring $\mathcal{R}$ verstehen wir einen zusammenhängenden k-Ring $\mathcal{R}$ mit folgender Eigenschaft:

(EL) Für jeden algebraischen $\mathcal{R}$-Modul $\mathcal{M}$ ist $\mathcal{M}(k)$ ein $\mathcal{R}(k)$-Modul endlicher Länge.

Man zeigt sehr leicht, dass für einen unendlichen Körper k jeder k-Ring $\mathcal{R}$ mit der Eigenschaft (EL) zusammenhängend ist (vgl. Uebungsaufgabe 3), §6).

Satz: Ein zusammenhängender k-Ring $\mathcal{R}$ ist genau dann EL-Ring, wenn für jeden algebraischen Restklassenring $\bar{\mathcal{R}}$ von $\mathcal{R}$ die rationalen Punkte $\bar{\mathcal{R}}(k)$ einen endlich erzeugten $\mathcal{R}(k)$-Modul bilden.

Beweis: Die Behauptung ergibt sich unmittelbar aus dem folgenden Lemma (man verwende die bekannte Tatsache, dass für einen kommutativen artinschen Ring S und einen Ringhomomorphismus $\mu : R \longrightarrow S$ die Aussagen "S ist R-Modul endlicher Länge" und "S ist endlich erzeugter R-Modul" äquivalent sind).

Lemma: Ist $\mathcal{R}$ ein zusammenhängender algebraischer k-Ring und $\mathcal{M}$ ein algebraischer $\mathcal{R}$-Modul, so ist $\mathcal{M}(k)$ ein $\mathcal{R}(k)$-Modul endlicher Länge.

Beweis: Nach Satz 6.9 können wir ohne Beschränkung der Allgemeinheit $\mathcal{R} = \omega_{nk}$ annehmen. Nun besitzt aber jeder algebraische ω_{nk}-Modul eine Kompositionsreihe, deren Faktoren von p annuliert werden und folglich schon als k_a-Moduln aufgefasst werden können.

Da die kanonische Projektion $pr: \mathcal{W}_{nk} \longrightarrow k_a$ surjektiv auf den rationalen Punkten ist, können wir daher $\mathcal{R} = k_a$ voraussetzen. Ist nun $\mathcal{M}(k) \neq 0$, so gibt es einen nicht trivialen Modulhomomorphismus $\varphi : k_a \longrightarrow \mathcal{M}$ und das Bild $\operatorname{Im}\varphi$ ist als Gruppe isomorph zu α_k. Da die einzigen echten Untermoduln von k_a die Frobeniuskerne sind, ist φ von der Gestalt $\varphi = F^m : k_a \longrightarrow \alpha_k \hookrightarrow \mathcal{M}$ und die Behauptung folgt durch Induktion über die Dimension von $\mathcal{M}$ aus $[k : k^{p^m}] < \infty$.

<u>Bemerkung</u>: Der obige Beweis zeigt, dass die Behauptungen des Lemmas falsch sind, falls $[k : k^p] = \infty$ ist; in diesem Falle gibt es keine EL-Ringe. Man erkennt auch, dass für einen nicht perfekten Körper k der k-Ring $\overset{\infty}{\mathcal{W}}_k$ kein EL-Ring ist, denn $\overset{\infty}{\mathcal{W}}_k(k) \overset{\sim}{\rightarrow} \mathcal{W}_k(k^{p^\infty})$ mit $k^{p^\infty} = \bigcap_{n=0}^{\infty} k^{p^n}$ = grösster perfekter Unterkörper von k.

<u>Beispiele</u>: Die folgenden Behauptungen ergeben sich leicht aus dem Vorangehenden und die Beweise seien dem Leser zur Uebung überlassen.

a) <u>Jeder zusammenhängende algebraische k-Ring ist ein EL-Ring</u>.

b) <u>Ist</u> $\mathcal{R}$ <u>ein EL-Ring</u>, $\mathcal{S}$ <u>ein beliebiger k-Ring und</u> $\varphi : \mathcal{R} \longrightarrow \mathcal{S}$ <u>ein Ringhomomorphismus</u>, <u>so ist auch</u> $\mathcal{S}$ <u>ein EL-Ring</u>.

c) <u>Die k-Ringe</u> $\mathcal{C}_k$, $\mathcal{W}_k$, $\hat{\mathcal{C}}_{nk}$ <u>sind EL-Ringe</u>.

d) <u>Ist</u> k <u>perfekt</u>, <u>so ist jeder zusammenhängende k-Ring ein EL-Ring</u> (Verwende zum Beispiel den Satz 7.11).

7.2 Ist $\mathcal{R}$ ein EL-Ring und $\mathcal{M}$ ein $\mathcal{R}$-Modul, so ist $\mathcal{M}(k)$ versehen mit der prodiskreten Topologie ein profiniter $\mathcal{R}(k)$-Modul (Wir erinnern daran, dass die prodiskrete Topologie auf $\mathcal{M}(k)$ die Limestopologie auf $\mathcal{M}(k) = \varprojlim_{\alpha} \mathcal{M}_\alpha(k)$ ist, wobei die $\mathcal{M}_\alpha$ die algebraischen Restklassenmoduln durchlaufen und $\mathcal{M}_\alpha(k)$ mit der diskreten Topologie versehen wird; vgl. 3.6.). Dabei verstehen wir unter einem profiniten $\mathcal{R}(k)$-Modul M einen $\mathcal{R}(k)$-Modul versehen mit einer $\mathcal{R}(k)$-linearen Topologie mit der Eigenschaft, dass die Restklassenmoduln nach offenen Untermoduln von endlicher Länge sind und dass M vollständig und separiert ist (vergleiche hierzu und für das Folgende [2] V, §2,). Wir erhalten somit einen linksexakten Funktor

$$?(k) \;:\; \underline{\mathcal{M}od}_{\mathcal{R}} \longrightarrow \underline{\widehat{\mathrm{Mod}}}\,\mathcal{R}(k)$$

wobei wir mit $\underline{\widehat{\mathrm{Mod}}}\,\mathcal{R}(k)$ die Kategorie der profiniten $\mathcal{R}(k)$-Moduln bezeichnen; diese ist eine proartinsche Kategorie, die artinschen Objekte sind die $\mathcal{R}(k)$-Moduln endlicher Länge. Den Ring $\mathcal{R}(k)$ selbst denken wir uns auch immer mit der prodiskreten Topologie versehen (6.1).

<u>Satz</u>: <u>Ist</u> $\mathcal{R}$ <u>ein EL-Ring</u>, <u>so besitzt der Funktor</u>

$$?(k) \;:\; \underline{\mathcal{M}od}_{\mathcal{R}} \longrightarrow \underline{\widehat{\mathrm{Mod}}}\,\mathcal{R}(k)$$

<u>einen Linksadjungierten</u>

$$G_{\mathcal{R}} \;:\; \underline{\widehat{\mathrm{Mod}}}\,\mathcal{R}(k) \longrightarrow \underline{\mathcal{M}od}_{\mathcal{R}}$$

<u>welcher mit gefilterten projektiven Limiten vertauscht.</u>

<u>Beweis</u>: (vgl. [2] V, §4, Beweis der Proposition 1.3) Zu jedem profiniten $\mathcal{R}(k)$-Modul M konstruieren wir einen $\mathcal{R}$-Modul G(M) und einen Homomorphismus φ_M: M $\longrightarrow$ G(M)(k) derart, dass die induzierte

Abbildung $\underline{\mathcal{M}od}_{\mathcal{R}}(G(M), \mathcal{N}) \longrightarrow \underline{\widehat{Mod}}_{\mathcal{R}(k)}(M, \mathcal{N}(k))$ bijektiv ist für jeden $\mathcal{R}$-Modul $\mathcal{N}$. Wir betrachten folgende Fälle:

a) $M = \mathcal{R}(k)$; dann setzen wir $G(M) = \mathcal{R}$ und $\psi_M = \mathrm{Id}$.

b) $M = \mathcal{R}(k)^I$; wir setzen $G(M) = \mathcal{R}^I$ und $\psi_M = \mathrm{Id}$

und erhalten für einen $\mathcal{R}$-Modul $\mathcal{N} = \varprojlim_{\alpha} \mathcal{N}_\alpha$ mit $\mathcal{N}_\alpha$ algebraisch :

$$\underline{\mathcal{M}od}_{\mathcal{R}}(\mathcal{R}^I, \mathcal{N}) \xrightarrow{\sim} \varprojlim_{\alpha} \underline{\mathcal{M}od}_{\mathcal{R}}(\mathcal{R}^I, \mathcal{N}_\alpha) \xrightarrow{\sim} \varprojlim_{\alpha} \underline{\mathcal{M}od}_{\mathcal{R}}(\mathcal{R}, \mathcal{N}_\alpha)^{(I)} \xrightarrow{\sim}$$

$$\xrightarrow{\sim} \varprojlim_{\alpha} \underline{\widehat{Mod}}_{\mathcal{R}(k)}(\mathcal{R}(k), \mathcal{N}_\alpha(k))^{(I)} \xrightarrow{\sim} \varprojlim_{\alpha} \underline{\widehat{Mod}}_{\mathcal{R}(k)}(\mathcal{R}(k)^I, \mathcal{N}_\alpha(k)) \xrightarrow{\sim}$$

$$\xrightarrow{\sim} \underline{\widehat{Mod}}_{\mathcal{R}(k)}(\mathcal{R}(k)^I, \mathcal{N}(k))$$

nach den allgemeinen Eigenschaften der proartinschen Kategorien, und die Komposition ist die Abbildung $\varrho \longmapsto \varrho(k) \circ \psi_M = \varrho(k)$.

c) Ist M beliebig, so gibt es eine exakte Sequenz

$$\mathcal{R}(k)^I \xrightarrow{v} \mathcal{R}(k)^J \xrightarrow{u} M \longrightarrow 0$$

in $\underline{\widehat{Mod}}_{\mathcal{R}(k)}$. Nach b) finden wir ein $\mathfrak{v} : \mathcal{R}^I \longrightarrow \mathcal{R}^J$ mit $\mathfrak{v}(k) = v$. Setzen wir $G(M) = \mathrm{Coker}\, \mathfrak{v}$, so induziert die exakte Sequenz

$$\mathcal{R}^I \xrightarrow{\mathfrak{v}} \mathcal{R}^J \xrightarrow{\mathfrak{u}} G(M) \longrightarrow 0$$

einen Homomorphismus $\psi_M : M \longrightarrow G(M)(k)$ mit $\mathfrak{u}(k) = \psi_M \circ u$.
Für einen $\mathcal{R}$-Modul $\mathcal{N}$ erhalten wir dann

$$\underline{\mathcal{M}od}_{\mathcal{R}}(G(M), \mathcal{N}) = \underline{\mathcal{M}od}_{\mathcal{R}}(\mathrm{Coker}\, \mathfrak{v}, \mathcal{N}) \xrightarrow{\sim} \mathrm{Ker}\, \underline{\mathcal{M}od}_{\mathcal{R}}(\mathfrak{v}, \mathcal{N}) \xrightarrow{\sim}$$

$$\xrightarrow{\sim} \mathrm{Ker}\, \underline{\widehat{Mod}}_{\mathcal{R}(k)}(v, \mathcal{N}(k)) \xrightarrow{\sim} \underline{\widehat{Mod}}_{\mathcal{R}(k)}(\mathrm{Coker}\, v, \mathcal{N}(k)) \xrightarrow{\sim}$$

$$\xrightarrow{\sim} \underline{\widehat{Mod}}_{\mathcal{R}(k)}(M, \mathcal{N}(k))$$

und damit die Behauptung.

Für den Beweis der letzten Aussage genügt es zu zeigen, dass für ein projektives gefiltertes System (M_α) in $\underline{\widehat{\mathrm{Mod}}}_{\mathfrak{A}(k)}$ der kanonische Homomorphismus

$$\underline{\mathrm{Mod}}_{\mathfrak{A}}(\varprojlim_{\alpha} G(M_\alpha), \mathcal{N}) \longrightarrow \underline{\mathrm{Mod}}_{\mathfrak{A}}(G(\varprojlim_{\alpha} M_\alpha), \mathcal{N})$$

für jeden algebraischen $\mathfrak{A}$-Modul $\mathcal{N}$ ein Isomorphismus ist. Dies ergibt sich aus der Folge der kanonischen Isomorphismen

$$\underline{\mathrm{Mod}}_{\mathfrak{A}}(\varprojlim_{\alpha} G(M_\alpha), \mathcal{N}) \xrightarrow{\sim} \varinjlim_{\alpha} \underline{\mathrm{Mod}}_{\mathfrak{A}}(G(M_\alpha), \mathcal{N}) \xrightarrow{\sim} \varinjlim_{\alpha} \underline{\widehat{\mathrm{Mod}}}_{\mathfrak{A}(k)}(M_\alpha, \mathcal{N}(k))$$

$$\xrightarrow{\sim} \underline{\widehat{\mathrm{Mod}}}_{\mathfrak{A}(k)}(\varprojlim_{\alpha} M_\alpha, \mathcal{N}(k)) \xrightarrow{\sim} \underline{\mathrm{Mod}}_{\mathfrak{A}}(G(\varprojlim_{\alpha} M_\alpha), \mathcal{N})$$

(vgl. [2] V, §2, 3.3).

7.3 Nach Konstruktion haben wir zwei natürliche Transformationen

$$\psi_M : M \longrightarrow G_{\mathfrak{A}}(M)(k) \qquad \text{für } M \in \underline{\widehat{\mathrm{Mod}}}_{\mathfrak{A}(k)}$$

und

$$\varphi_{\mathcal{M}} : G_{\mathfrak{A}}(\mathcal{M}(k)) \longrightarrow \mathcal{M} \qquad \text{für } \mathcal{M} \in \underline{\mathrm{Mod}}_{\mathfrak{A}}$$

und die Komposition $\mathcal{M}(k) \xrightarrow{\psi_{\mathcal{M}(k)}} G_{\mathfrak{A}}(\mathcal{M}(k))(k) \xrightarrow{\varphi_{\mathcal{M}}(k)} \mathcal{M}(k)$ ist die Identität.

<u>Zusatz</u>: (a) <u>Ist</u> $\mathfrak{A} = \mathcal{C}_k$, $\hat{\mathcal{C}}_{nk}$ <u>oder</u> $\prod_m \mathcal{C}_{nk}$ $(m \geq 0, n > 0)$, <u>so ist der kanonische Homomorphismus</u>

$$\psi_M : M \xrightarrow{\sim} G_{\mathfrak{A}}(M)(k)$$

<u>bijektiv für jeden profiniten</u> $\mathfrak{A}(k)$-<u>Modul</u> M.

(b) <u>Der Funktor</u> $G_{\mathcal{C}_k} : \underline{\widehat{\mathrm{Mod}}}_{\mathcal{C}(k)} \longrightarrow \underline{\mathrm{Mod}}_{\mathcal{C}_k}$ <u>ist exakt</u>.

Beweis: (a) Wir können uns auf $\mathfrak{A}(k)$-Moduln endlicher Länge beschränken. Da $\mathfrak{A}(k)$ nach Voraussetzung ein lokaler Hauptidealring ist mit Maximalideal $p\cdot\mathfrak{A}(k)$, können wir zudem $M = \mathfrak{A}(k)/p^i\mathfrak{A}(k)$ annehmen, $i > 0$. Nach Konstruktion haben wir dann die exakte Sequenz

$$\mathfrak{A} \xrightarrow{p^i} \mathfrak{A} \xrightarrow{f} G_{\mathfrak{A}}(M) \longrightarrow 0$$

und wir haben zu zeigen, dass auch die Sequenz

$$\mathfrak{A}(k) \xrightarrow{p^i} \mathfrak{A}(k) \xrightarrow{f(k)} G(M)(k) \longrightarrow 0$$

exakt ist. Für $\mathfrak{A} = \mathcal{C}_k$ folgt dies aus 3.1 und Satz 3.2, und die andern Fälle ergeben sich aus der Tatsache, dass die kanonischen Projektionen $\hat{\pi}_n : \mathcal{C}_k \longrightarrow \hat{\mathcal{C}}_{nk}$ und ${}_m\pi_n : \mathcal{C}_k \longrightarrow {}_m\mathcal{C}_{nk}$ surjektiv auf den rationalen Punkten sind (vgl. auch Satz 2.11 und Lemma 2.13).

(b) $G = G_{\mathcal{C}_k}$ ist rechtsexakt und wir bezeichnen mit L^nG den n-ten Linksderivierten von G. Da L^nG mit gefilterten projektiven Limiten vertauscht ([2] V, §2, 3.8), genügt es zu zeigen, dass $L^1G(M) = 0$ für die einfachen Objekte in $\underline{\widehat{\mathrm{Mod}}}_{\mathcal{C}(k)}$. Nun ist aber k das einzige einfache Objekt in $\underline{\widehat{\mathrm{Mod}}}_{\mathcal{C}(k)}$ und aus der projektiven Auflösung

$$0 \longrightarrow \mathcal{C}(k) \xrightarrow{p\cdot} \mathcal{C}(k) \longrightarrow k \longrightarrow 0$$

erhalten wir $L^1G(k) = \mathrm{Ker}(p\cdot : \mathcal{C}_k \longrightarrow \mathcal{C}_k) = 0$ nach Satz 3.2 und damit die Behauptung.

7.4 Ist $\mathfrak{A}$ ein EL-Ring und M ein profiniter $\mathfrak{A}(k)$-Modul, so haben wir für alle $R \in \underline{M}_k$ einen kanonischen Homomorphismus

$$\mathfrak{A}(R) \otimes_{\mathfrak{A}(k)} M \longrightarrow G_{\mathfrak{A}}(M)(R).$$

Dieser faktorisiert wegen der Vollständigkeit von $G_{\mathfrak{Q}}(M)(R)$ in der prodiskreten Topologie über das komplettierte Tensorprodukt und induziert einen Homomorphismus

$$\hat{\varphi}(R,M) : \mathfrak{Q}(R) \hat{\otimes}_{\mathfrak{Q}(k)} M \longrightarrow G_{\mathfrak{Q}}(M)(R)$$

(Das komplettierte Tensorprodukt ist gegeben durch $\mathfrak{Q}(R) \hat{\otimes}_{\mathfrak{Q}(k)} M = \varprojlim \mathfrak{Q}(R) \otimes_{\mathfrak{Q}(k)} (M/M')$, wobei M' die offenen Untermoduln von M durchläuft.)

Lemma: Ist M ein $\mathfrak{Q}(k)$-Modul endlicher Länge und ist $F(M)$ der $\mathfrak{Q}$-Modulfunktor $R \longmapsto \mathfrak{Q}(R) \otimes_{\mathfrak{Q}(k)} M$, so induziert der kanonische Homomorphismus $\hat{\varphi}(M) : F(M) \longrightarrow G_{\mathfrak{Q}}(M)$ einen Isomorphismus

$$\varphi(M) : \tilde{\tilde{F}}(M) \xrightarrow{\sim} G_{\mathfrak{Q}}(M)$$

wobei $\tilde{\tilde{F}}(M)$ die assoziierte harte Garbe zu $F(M)$ ist (1.2).

Beweis: Zunächst folgt aus der Definition des komplettierten Tensorprodukts, dass für einen profiniten $\mathfrak{Q}(k)$-Modul $N \xrightarrow{\sim} \mathfrak{Q}(k)^I$

$$\hat{\varphi}(N) : F(N) \xrightarrow{\sim} G_{\mathfrak{Q}}(N)$$

ein Isomorphismus ist. Ist nun M von endlicher Länge und

$$P \longrightarrow Q \xrightarrow{q} M \longrightarrow 0$$

eine exakte Sequenz in $\widehat{\mathrm{Mod}}_{\mathfrak{Q}(k)}$ mit $P \xrightarrow{\sim} \mathfrak{Q}(k)^I$ und $Q \xrightarrow{\sim} \mathfrak{Q}(k)^J$

so ist $F(q) : F(Q) \longrightarrow F(M)$ ein Epimorphismus von Funktoren und wir erhalten ein kommutatives Diagramm

$$\begin{array}{ccccccc}
\tilde{\tilde{F}}(P) & \longrightarrow & \tilde{\tilde{F}}(Q) & \xrightarrow{\tilde{\tilde{F}}(q)} & \tilde{\tilde{F}}(M) & & \\
\wr\downarrow \varphi(P) & & \wr\downarrow \varphi(Q) & & \downarrow \varphi(M) & & \\
G(P) & \longrightarrow & G(Q) & \longrightarrow & G(M) & \longrightarrow & 0
\end{array}$$

mit exakter zweiter Zeile. Da $\varphi(P)$ und $\varphi(Q)$ Isomorphismen sind und $\tilde{\tilde{F}}(q)$ ein Epimorphismus von harten Garben ist, ist auch $\varphi(M)$ ein Isomorphismus, was zu zeigen war.

7.5 Unter einer <u>profiniten</u> $\mathfrak{A}(k)$-<u>Algebra</u> S verstehen wir eine kommutative $\mathfrak{A}(k)$-Algebra S versehen mit einer Ringtopologie derart, dass S als $\mathfrak{A}(k)$-Modul profinit ist. Man hat dann einen kanonischen Isomorphismus $S \xrightarrow{\sim} \varprojlim S/\mathfrak{a}$, wobei $\mathfrak{a}$ die offenen Ideale von S durchläuft, und die Restklassenringe $S/\mathfrak{a}$ sind $\mathfrak{A}(k)$-Moduln endlicher Länge (vgl. Uebungsaufgabe 7.14 C)). Nach Satz 3.7 besitzt zum Beispiel jeder vollständige Noethersche lokale Ring S mit Restklassenkörper k die Struktur einer profiniten $\mathfrak{C}(k)$-Algebra.

<u>Satz</u>: <u>Ist</u> S <u>eine profinite</u> $\mathfrak{A}(k)$-<u>Algebra, so gibt es auf</u> $G_{\mathfrak{A}}(S)$ <u>genau eine</u> $\mathfrak{A}$-<u>Algebrenstruktur derart, dass die kanonischen Homomorphismen</u>

$$\hat{\varphi}(R,S) : \quad \mathfrak{A}(R) \,\hat{\otimes}_{\mathfrak{A}(k)}\, S \longrightarrow G_{\mathfrak{A}}(S)(R)$$

$\mathfrak{A}(R)$-<u>Algebrenhomomorphismen sind für alle</u> $R \in \underline{M}_k$.

<u>Beweis:</u> Sei zunächst S eine $\mathfrak{A}(k)$-Algebra endlicher Länge. Dann ist der Funktor $F(S)$ gegeben durch $F(S)(R) = \mathfrak{A}(R) \otimes_{\mathfrak{A}(k)} S$ ein $\mathfrak{A}$-Algebrenfunktor, und es gibt daher auf der assoziierten harten Garbe $\tilde{\tilde{F}}(S)$

genau eine $\mathfrak{R}$-Algebrenstruktur derart, dass der kanonische Homomorphismus $F(S) \longrightarrow \tilde{\tilde{F}}(S)$ ein $\mathfrak{R}$-Algebrenhomomorphismus ist. Unsere Behauptung folgt daher in diesem Falle aus Lemma 7.4.

Für eine beliebige profinite $\mathfrak{R}(k)$-Algebra haben wir eine Darstellung $S = \varprojlim S_i$, wobei die S_i artinsche Restklassenalgebren von S durchlaufen. Für jeden Morphismus des gefilterten Systems (S_i) erhalten wir ein kommutatives Diagramm

$$\begin{array}{ccccc} F(S_i) & \xrightarrow{\text{kan}} & \tilde{\tilde{F}}(S_i) & \xrightarrow[\sim]{\varphi(S_i)} & G(S_i) \\ \downarrow{\scriptstyle F(\varrho_{ij})} & & \downarrow{\scriptstyle \tilde{\tilde{F}}(\varrho_{ij})} & & \downarrow{\scriptstyle G(\varrho_{ij})} \\ F(S_j) & \xrightarrow{\text{kan}} & \tilde{\tilde{F}}(S_j) & \xrightarrow[\sim]{\varphi(S_j)} & G(S_j) \end{array}$$

Da die $F(\varrho_{ij})$ $\mathfrak{R}$-Algebrenhomomorphismen sind, sind auch die $G(\varrho_{ij})$ $\mathfrak{R}$-Algebrenhomomorphismen, falls wir die $G(S_i)$ mit der durch $F(S_i)$ induzierten $\mathfrak{R}$-Algebrenstruktur versehen. Wegen $G(S) \xrightarrow{\sim} \varprojlim G(S_i)$ erhalten wir auch auf $G(S)$ eine $\mathfrak{R}$-Algebrenstruktur, und die Eindeutigkeit folgt aus der oben bewiesenen Eindeutigkeit für den algebraischen Fall.

Korollar: Ist S ein vollständiger Noetherscher lokaler Ring mit Restklassenkörper k, so gibt es einen EL-Ring $\mathcal{S}$ und einen Isomorphismus $\mathcal{S}(k) \xrightarrow{\sim} S$ von topologischen Ringen.

Beweis: Nach Satz 3.7 besitzt S die Struktur einer profiniten $\mathcal{C}_k(k)$-Algebra und der EL-Ring $\mathcal{S} = G_{\mathcal{C}_k}(S)$ hat die gesuchte Eigenschaft nach Zusatz 7.3 (b).

Beispiel: Versehen wir den Körper k mit p-Basis $\mathcal{B}$ mit der kanonischen $\mathcal{C}(k)$-Algebrastruktur (bzw. mit der kanonischen $\prod_m \mathcal{C}_{nk}(k)$-Algebrastruktur oder mit der kanonischen $\hat{\mathcal{C}}_{nk}(k)$-Algebrastruktur), so erhalten wir :

$$G_{\mathcal{C}_k}(k) = \hat{\mathcal{C}}_{1k} \;, \quad G_{\prod_m \mathcal{C}_{nk}}(k) = \prod_{m+n-1} \mathcal{C}_{1k} \;, \quad G_{\hat{\mathcal{C}}_{nk}}(k) = \hat{\mathcal{C}}_{1k}$$

(man verwende die exakten Sequenzen in Satz 3.2 bzw. in der Bemerkung zu Satz 3.2, sowie Zusatz 7.3 (b)).

7.6 Im Allgemeinen ist der Funktor ?(k) nicbt exakt, und wir beschäftigen uns daher im restlichen Teil dieses Paragraphen mit den "Hindernissen" für die Exaktheit. Diese Fragestellung hängt sehr eng mit der Theorie der Torseur zusammen (vgl. [2] Kap. III): Die Gruppe $\tilde{H}^1(k, \mathcal{G})$ der Isomorphieklassen der $\mathcal{G}$-Torseuren über Spec k ist der erste rechtsderivierte Funktor des Funktors "rationale Punkte" ?(k): $\underline{\widetilde{Ab}}_k \longrightarrow \underline{Ab}$ von der Kategorie der kommutativen k-Gruppengarben in die Kategorie der abelschen Gruppen ([2] III, §4, 5.7) und die höheren Derivierten $\tilde{H}^i(k, ?)$ sind auch die Satelliten des Funktors ?(k) eingeschränkt auf die Kategorie der kommutativen k-Gruppenschemata ([2] III, §5, 6.4). Es wäre ohne weiteres möglich, aus jenen Ergebnissen die folgenden Resultate herzuleiten (vgl. Uebungsaufgabe 7.1 (A)).

Lemma: Ist k separabel abgeschlossen und $g : \mathcal{G} \longrightarrow \mathcal{H}$ ein Epimorphismus von algebraischen kommutativen k-Gruppen mit Ker g glatt, so ist $g(k) : \mathcal{G}(k) \longrightarrow \mathcal{H}(k)$ surjektiv.

Beweis: Sei $\bar{k}$ der algebraische Abschluss von k und $x \in \mathcal{H}(k)$. Dann ist $\mathcal{G}' = g^{-1}(x)$ ein abgeschlossenes Unterschema von $\mathcal{G}$ und $\mathcal{G}' \otimes_k \bar{k} \xrightarrow{\sim} (\mathrm{Ker}\ g) \otimes_k \bar{k}$, da $g(\bar{k})$ surjektiv ist. $\mathcal{G}'$ ist daher ein glattes Unterschema von $\mathcal{G}$ und folglich $\mathcal{G}'(k) \neq \emptyset$ (die separablen Punkte $\mathcal{G}'(k)$ liegen dicht in $\mathcal{G}'(\bar{k})$, vgl. auch [2] III, §5, Lemme 3.8), woraus die Behauptung folgt.

Korollar: Ist k ein beliebiger Körper und $0 \to \alpha_k \to \mathcal{G} \to \mathcal{H} \to 0$ eine exakte Sequenz von kommutativen algebraischen k-Gruppen, so ist $g(k) : \mathcal{G}(k) \longrightarrow \mathcal{H}(k)$ surjektiv.

Beweis: Nach obigem Lemma ist die Sequenz

$$0 \longrightarrow k_s \longrightarrow \mathcal{G}(k_s) \longrightarrow \mathcal{H}(k_s) \longrightarrow 0$$

exakt, wobei k_s die separable Hülle von k ist. Ist $\Gamma = \mathrm{Gal}(k_s/k)$, so gilt bekanntlich für jede k-Gruppe $\mathcal{G}$: $\mathcal{G}(k) = \mathcal{G}(k_s)^{\Gamma}$ = Fixpunkte von Γ unter der kanonischen Operation von Γ auf $\mathcal{G}(k_s)$. Die Behauptung folgt daher aus der bekannten Tatsache, dass die Cohomologiegruppe $H^1(\Gamma, k_s) = 0$ ist.

7.8 Bemerkung: Das obige Korollar lässt sich folgendermassen verallgemeinern: Ist $g : \mathcal{G} \longrightarrow \mathcal{H}$ ein Epimorphismus von kommutativen algebraischen k-Gruppen und besitzt $\mathrm{Ker}\ g$ eine Kompositionsreihe mit Faktoren isomorph zu α_k, so ist $g(k)$ surjektiv.
Wir werden im Folgenden das Korollar vor allem in dieser Verallgemeinerung benutzen.

7.9 Bis zum Schluss dieses Paragraphen ist k ein Körper mit p-Basis $\mathfrak{B}$ und $\mathfrak{R}$ ein zusammenhängender k-Ring, und wir wollen die vorangehenden Ergebnisse auf die $\mathfrak{R}$-Moduln anwenden.

Satz: Sei $\mathfrak{R}$ ein EL-Ring und $\mathcal{M}$ ein $\mathfrak{R}$-Modul.

(1) Ist $\mathcal{M}$ proglatt und nicht trivial, so ist $\mathcal{M}(k) \neq 0$.

(2) Ist $\mathcal{M}$ algebraisch und glatt, so besitzt $\mathcal{M}$ als k-Gruppe eine Kompositionsreihe mit Faktoren isomorph zu α_k.

Beweis: Sei zunächst $\mathcal{M}$ algebraisch und $\mathcal{M}_i$ das Bild des Homomorphismus $p^i \cdot \mathrm{Id} : \mathcal{M} \longrightarrow \mathcal{M}$. Dann ist $\mathcal{M}_n = 0$ für genügend grosses n und die $\mathfrak{R}$-Moduln $\mathcal{M}_i/\mathcal{M}_{i+1}$ werden von p annuliert und können daher nach Satz 6.9 als k_a-Moduln aufgefasst werden. Es genügt daher für den Beweis beider Behauptungen den Fall $\mathfrak{R} = k_a$ zu betrachten. Dann ist $\mathcal{M}(k)$ ein endlichdimensionaler Vektorraum über k und für eine geeignete endliche Galoische Erweiterung K/k ist mit $\mathcal{M} \neq 0$ auch $\mathcal{M}(K) \neq 0$ (die separablen Punkte liegen dicht in $\mathcal{M}(\bar{k})$). Die Galoisgruppe Γ von K/k operiert semilinear auf $\mathcal{M}(K)$ bezüglich der K-Vektorraumstruktur auf $\mathcal{M}(K)$ und es gilt bekanntlich $\mathcal{M}(k) \otimes_k K = \mathcal{M}(K)^{\Gamma} \otimes_k K \xrightarrow{\sim} \mathcal{M}(K)$, womit die Behauptung (1) im algebraischen Fall bewiesen ist. Zudem gibt es einen nichttrivialen k_a-Modulhomomorphismus $\varphi : k_a \longrightarrow \mathcal{M}$ wegen $\mathcal{M}(k) \neq 0$ und der Untermodul $\mathrm{Im}\,\varphi \subset \mathcal{M}$ ist als Gruppe isomorph zu α_k. Hieraus folgt auch die Behauptung (2) durch Induktion über die Dimension von $\mathcal{M}$.

Sei nun $\mathcal{M}$ ein beliebiger proglatter $\mathfrak{R}$-Modul und sei $\varphi : \mathcal{M} \longrightarrow \mathcal{N}$ ein algebraischer Restklassenmoduln von $\mathcal{M}$,

$\mathcal{N} \neq 0$. Wäre dann $\mathcal{M}(k) = 0$, so gäbe es wegen der EL-Eigenschaft von $\mathcal{R}$ eine Faktorisierung $\varphi : \mathcal{M} \longrightarrow \mathcal{N}' \xrightarrow{\psi} \mathcal{N}$ mit $\mathcal{N}'$ algebraisch und $\psi(k)$ = Nullabbildung von $\mathcal{N}'(k)$ nach $\mathcal{N}(k)$. Wegen der Behauptung (2) ist dann aber auch ψ der triviale Homomorphismus (die unterliegenden Schemata von $\mathcal{N}'$ und $\mathcal{N}$ sind affine Räume) und folglich $\mathcal{N} = 0$ im Widerspruch zur Annahme.

Bemerkung: Für einen perfekten Körper k besitzt jede unipotente kommutative glatte k-Gruppe eine Kompositionsreihe mit Faktoren isomorph zu α_k. Ist k jedoch nicht perfekt, so ist diese Aussage falsch. Beide Behauptungen ergeben sich leicht aus dem Struktursatz 5.1 (verwende zum Beispiel [2] IV, §3, Lemme 6.10).

7.10 Satz: *Sei $\mathcal{R}$ ein EL-Ring und* g : $\mathcal{M} \longrightarrow \mathcal{N}$ *ein $\mathcal{R}$-Modulhomomorphismus. Dann gilt:*

(1) *Ist* g *ein Epimorphismus und* Ker g *proglatt, so ist* g(k) *surjektiv.*

(2) *Sind $\mathcal{M}$ und $\mathcal{N}$ proglatt und* g(k) *surjektiv, so ist* g *ein Epimorphismus.*

Beweis: (1) Da $\mathcal{R}$ ein EL-Ring ist, können wir $\mathcal{M}$ und $\mathcal{N}$ algebraisch voraussetzen, und die Behauptung folgt aus dem Korollar 7.9 und der Bemerkung 7.8.

(2) Sei $\mathcal{N}' = \operatorname{Im} g \subset \mathcal{N}$ das Bild von $\mathcal{M}$ unter g. Dann ist $\mathcal{N}'$ ein proglatter $\mathcal{R}$-Modul und wir haben die exakte Sequenz

$$0 \longrightarrow \mathcal{N}' \hookrightarrow \mathcal{N} \xrightarrow{q} \mathcal{N}/\mathcal{N}' \longrightarrow 0$$

Nach (1) ist dann $q(k)$ surjektiv und wegen $\mathcal{N}'(k) = \mathcal{N}(k)$ folglich $(\mathcal{N}/\mathcal{N}')(k) = 0$, und die Behauptung folgt aus Satz 7.9.

Zusatz: *Sei k nicht perfekt. Sind dann $\mathcal{M}$ und $\mathcal{N}$ zwei algebraische glatte $\mathcal{R}$-Moduln gleicher Dimension und $g : \mathcal{M} \longrightarrow \mathcal{N}$ ein $\mathcal{R}$-Modulhomomorphismus mit $g(k)$ bijektiv, so ist g ein Isomorphismus.*

Beweis: Wir können ohne Beschränkung der Allgemeinheit $\mathcal{R} = \mathcal{W}_k$ annehmen. Ist dann $x \in \mathcal{N}(k)$ ein Element $\neq 0$ mit $p \cdot x = 0$ und $y \in \mathcal{M}(k)$ das Urbild von x unter $g(k)$, so sind die von x und y erzeugten Untermoduln $\mathcal{N}' = \mathcal{R} \cdot x$ und $\mathcal{M}' = \mathcal{R} \cdot y$ als Gruppen isomorph zu α_k. Da $\operatorname{Ker} g$ infinitesimal ist, ist die Einschränkung von g auf $\mathcal{M}'$ von der Gestalt $F^m : \alpha_k \longrightarrow \alpha_k$. Aus Dimensionsgründen gilt aber $g^{-1}(\mathcal{N}')(k) = \mathcal{M}'(k)$, und $g|_{\mathcal{M}'}$ ist daher surjektiv auf den rationalen Punkten. Da k nicht perfekt ist, folgt hieraus $m = 0$, dh. $g|_{\mathcal{M}'} : \mathcal{M}' \xrightarrow{\sim} \mathcal{N}'$ ist ein Isomorphismus. Die Behauptung folgt nun durch Induktion über $\dim \mathcal{M} = \dim \mathcal{N}$ unter Verwendung des kommutativen Diagramms

$$\begin{array}{ccccccccc} 0 & \longrightarrow & \mathcal{M}' & \longrightarrow & \mathcal{M} & \longrightarrow & \mathcal{M}/\mathcal{M}' & \longrightarrow & 0 \\ & & \wr\downarrow g' & & \downarrow g & & \downarrow \bar{g} & & \\ 0 & \longrightarrow & \mathcal{N}' & \longrightarrow & \mathcal{N} & \longrightarrow & \mathcal{N}/\mathcal{N}' & \longrightarrow & 0 \end{array}$$

(Da $\mathcal{M}'$ und $\mathcal{N}'$ glatt sind, ist mit g auch $\bar{g}$ bijektiv auf den rationalen Punkten nach obigem Satz 7.10 (1)).

7.11 Satz: Ist k perfekt, so ist für jeden zusammenhängenden k-Ring $\mathcal{R}$ der Funktor ?(k) : $\mathbf{Mod}_{\mathcal{R}} \longrightarrow \widehat{\mathrm{Mod}}_{\mathcal{R}(k)}$ exakt.

Beweis: Da $\mathcal{R}$ ein EL-Ring ist (Beispiele 7.1, d)), genügt es zu zeigen, dass für jeden Epimorphismus $\varphi : \mathcal{M} \longrightarrow \mathcal{N}$ von algebraischen $\mathcal{R}$-Moduln der Homomorphismus $\varphi(k) : \mathcal{M}(k) \longrightarrow \mathcal{N}(k)$ surjektiv ist. Ist $\mathcal{K} = \mathrm{Ker}\,\varphi$, so ist $\mathcal{K}/_{F^n}\mathcal{K}$ glatt für genügend grosses n, und wir können daher nach Satz 7.10 (1) Ker φ infinitesimal voraussetzen. Dann ist aber $\varphi_{red} : \mathcal{M}_{red} \longrightarrow \mathcal{N}_{red}$ ein Isomorphismus und $\varphi(k)$ folglich bijektiv (für perfekte Körper ist für jede k-Gruppe $\mathcal{G}$ das abgeschlossene Unterschema $\mathcal{G}_{red}$ eine Untergruppe nach [2] II, §5, Corollaire 2.3).

7.12 Satz: Sei $\mathcal{R}$ ein proglatter EL-Ring. Dann gilt :

(1) Ist M ein profiniter $\mathcal{R}(k)$-Modul, so ist $G_{\mathcal{R}}(M)$ proglatt und der kanonische Homomorphismus

$$\psi_M : M \longrightarrow G_{\mathcal{R}}(M)(k)$$

ist surjektiv.

(2) Ist $\mathcal{M}$ ein proglatter $\mathcal{R}$-Modul, so ist der kanonische Homomorphismus

$$\varphi_{\mathcal{M}} : G_{\mathcal{R}}(\mathcal{M}(k)) \longrightarrow \mathcal{M}$$

ein Epimorphismus mit $\varphi_{\mathcal{M}}(k)$ bijektiv.

Beweis: (1) Nach Konstruktion (vgl. Beweis von Satz 7.2) haben wir eine exakte Sequenz

$$\mathcal{R}^J \xrightarrow{u} \mathcal{R}^I \xrightarrow{v} G_{\mathcal{R}}(M) \longrightarrow 0$$

und ein kommutatives Diagramm

$$\begin{array}{ccccccc} \mathcal{R}(k)^I & \xrightarrow{u(k)} & \mathcal{R}(k)^J & \longrightarrow & M & \longrightarrow & 0 \\ \| & & \| & & \downarrow \psi_M & & \\ \mathcal{R}(k)^I & \xrightarrow{u(k)} & \mathcal{R}(k)^J & \xrightarrow{v(k)} & G_{\mathcal{R}}(M)(k) & & \end{array}$$

Insbesondere sind $G_{\mathcal{R}}(M)$ und $\operatorname{Ker} v = \operatorname{Im}(u: \mathcal{R}^I \to \mathcal{R}^J)$ proglatt. Nach Satz 7.10 (1) ist daher $v(k)$ surjektiv und folglich auch ψ_M.

(2) Die Komposition $\mathcal{M}(k) \xrightarrow{\psi_{\mathcal{M}(k)}} G_{\mathcal{R}}(\mathcal{M}(k))(k) \xrightarrow{\varphi_{\mathcal{M}}(k)} \mathcal{M}(k)$ ist nach Konstruktion die Identität (7.2). Nach (1) ist $\psi_{\mathcal{M}(k)}$ surjektiv, und folglich $\psi_{\mathcal{M}(k)}$ und $\varphi_{\mathcal{M}}(k)$ bijektiv, und die Behauptung folgt aus Satz 7.10 (2).

7.13 Ist $\mathcal{M}$ ein $\mathcal{R}$-Modul, $M' \subset \mathcal{M}(k)$ ein profiniter $\mathcal{R}(k)$-Untermodul, so gibt es im allgemeinen keinen $\mathcal{R}$-Untermodul $\mathcal{M}'$ von $\mathcal{M}$ mit $\mathcal{M}'(k) = M'$. Es gilt jedoch folgendes Lemma:

Lemma: Sei $\mathcal{R}$ ein EL-Ring, $\mathcal{M}$ ein $\mathcal{R}$-Modul und $M' \subset \mathcal{M}(k)$ ein profiniter $\mathcal{R}(k)$-Untermodul. Dann gibt es einen eindeutig bestimmten kleinsten $\mathcal{R}$-Untermodul $\mathcal{M}'$ von $\mathcal{M}$ mit $\mathcal{M}'(k) \supset M'$.

Beweis: Sei $\mathcal{M}' \subset \mathcal{M}$ das Bild des kanonischen Homomorphismus

$$G_{\mathcal{R}}(M') \xrightarrow{G(\text{Inkl.})} G_{\mathcal{R}}(\mathcal{M}(k)) \xrightarrow{\varphi_{\mathcal{M}}} \mathcal{M}$$

Dann gilt $\mathcal{M}'(k) \supset M'$ und für jeden Untermodul $\mathcal{N} \subset \mathcal{M}$ mit $\mathcal{N}(k) \supset M'$ erhält man ein kommutatives Diagramm

$$\begin{array}{ccccc} G_{\mathcal{R}}(M') & \xrightarrow{G(\text{Inkl.})} & G_{\mathcal{R}}(\mathcal{N}(k)) & \xrightarrow{G(\text{Inkl.})} & G_{\mathcal{R}}(\mathcal{M}(k)) \\ & & \downarrow \varphi_{\mathcal{N}} & & \downarrow \varphi_{\mathcal{M}} \\ & & \mathcal{N} & \hookrightarrow & \mathcal{M} \end{array}$$

woraus die Behauptung folgt.

Wir bezeichnen diesen eindeutig bestimmten Untermodul $\mathcal{M}'$ mit $\mathfrak{R}\cdot M'$.

Satz: Sei $\mathfrak{R}$ ein EL-Ring, $\mathcal{M}$ ein $\mathfrak{R}$-Modul und $M' \subset \mathcal{M}(k)$ ein profiniter $\mathfrak{R}(k)$-Untermodul. Dann gilt:

(1) Ist $\mathfrak{R}$ proglatt, so ist $\mathfrak{R}\cdot M'$ proglatt.

(2) Ist $\varphi : \mathcal{M} \longrightarrow \mathcal{N}$ ein $\mathfrak{R}$-Modulhomomorphismus und ist $N' = \varphi(k)(M')$ das Bild von M' unter $\varphi(k)$, so induziert φ einen Epimorphismus $\varphi' : \mathfrak{R}\cdot M' \longrightarrow \mathfrak{R}\cdot N'$.

Beweis: (1) Diese Behauptung folgt unmittelbar aus der Konstruktion von $\mathcal{M}' = \mathfrak{R}\cdot M'$.

(2) Ist $\mathcal{M}'' = \varphi^{-1}(\mathfrak{R}\cdot N')$ das Urbild von $\mathfrak{R}\cdot N'$ unter φ, so gilt $\mathcal{M}''(k) \supset \varphi^{-1}(N') \supset M'$ und daher $\mathfrak{R}\cdot M' \subset \mathcal{M}''$. Das Bild $\mathcal{N}'' = \varphi(\mathfrak{R}\cdot M')$ unter φ ist daher in $\mathfrak{R}\cdot N'$ enthalten, und die Behauptung folgt aus der Minimalität von $\mathfrak{R}\cdot N'$.

7.14 Uebungsaufgaben:

A) (vgl. 7.6) Seien $\tilde{H}^i(k, ?)$ die rechtsderivierten Funktoren des Funktors $?(k) : \widetilde{Ab}_k \longrightarrow Ab$ von der Kategorie der kommutativen k-Gruppengarben in die Kategorie der abelschen Gruppen ([2] III, §4, 5.7). Dann gilt : $\tilde{H}^i(k, \alpha_k) = 0$ für $i \geq 1$ ([2] III, §5, Corollaire 5.6).

Zeige: Ist $\mathfrak{R}$ ein zusammenhängender k-Ring, $\mathcal{M}$ ein algebraischer $\mathfrak{R}$-Modul, so gilt: $\tilde{H}^i(k, \mathcal{M}) = 0$ für $i \geq 2$; ist $\mathcal{M}$ glatt, so gilt zudem $\tilde{H}^1(k, \mathcal{M}) = 0$.

B) Wir betrachten hier die algebraischen Moduln über dem Ring k_a, wobei k ein beliebiger Körper der Charakteristik $p > 0$ ist. Für $n \geq 0$ bezeichnen wir die Moduln $\alpha_k / {}_{p^n}\alpha_k$ bzw. ${}_{p^{n+s}}\alpha_k / {}_{p^n}\alpha_k$ mit $\alpha_k^{(p^n)}$ bzw. ${}_{p^s}\alpha_k^{(p^n)}$ (diese sind paarweise nicht isomorph!).

Zeige: 1) Die einfachen Objekte in $\underline{\mathcal{Mod}}_{k_a}$ sind die ${}_p\alpha^{(p^n)}$ und jeder algebraische k_a-Modul $\mathcal{N}$ mit $F_{\mathcal{N}} = V_{\mathcal{N}} = 0$ ist halbeinfach.

2) Jeder infinitesimale k_a-Modul $\mathcal{Y}$ mit $V_{\mathcal{Y}} = 0$ ist isomorph zu einer direkten Summe von Exemplaren von ${}_{p^s}\alpha^{(p^n)}$, $n \geq 0$, $s > 0$. (Bestimme die Erweiterungen $\underline{\mathcal{Mod}}^1_{k_a}({}_{p^s}\alpha_k^{(p^n)}, {}_{p^t}\alpha_k^{(p^m)})$.)

3) Jeder algebraische glatte k_a-Modul $\mathcal{M}$ ist isomorph zu einer direkten Summe von Exemplaren von $\alpha_k^{(p^n)}$, $n \geq 0$.

(Hier kann man zum Beispiel folgendermassen vorgehen: Wir nennen einen glatten k_a-Modul $\mathcal{M}$ isotypisch vom Typ $\alpha_k^{(p^n)}$, wenn jeder eindimensionale glatte Untermodul isomorph zu $\alpha_k^{(p^n)}$ ist. Dann gilt:

a) Ist $\mathcal{M}$ isotypisch vom Typ $\alpha_k^{(p^n)}$, so ist $\mathcal{M}$ isomorph zu einer direkten Summe von Exemplaren von $\alpha_k^{(p^n)}$.

b) Ist $\mathcal{M}$ ein glatter k_a-Modul und $n(\mathcal{M}) \in \mathbb{N}$ maximal mit der Eigenschaft, dass $\mathcal{M}$ einen Untermodul isomorph zu $\alpha_k^{(p^n)}$ mit $n = n(\mathcal{M})$ enthält, so gibt es einen isotypischen Untermodul $\mathcal{M}_n \subset \mathcal{M}$ vom Typ $\alpha_k^{(p^n)}$, welcher alle Untermoduln von $\mathcal{M}$ isomorph zu $\alpha_k^{(p^n)}$ enthält.

c) Die exakte Sequenz $0 \longrightarrow \mathcal{M}_n \longrightarrow \mathcal{M} \longrightarrow \mathcal{M}/\mathcal{M}_n \longrightarrow 0$ mit $n = n(\mathcal{M})$ spaltet.)

Man beachte, dass es k_a-Moduln gibt, die von der Verschiebung nicht annuliert werden, und dass auch für algebraisch abgeschlossenes k der Untermodul $\mathcal{M}_{red} \subset \mathcal{M}$ im allgemeinen kein direkter Summand ist (Die Bemerkung in [2] V, §4, 1.8 b) ist nicht richtig!).

C) Sei R ein kommutativer Ring mit Eins, S eine kommutative R-Algebra versehen mit einer Ringtopologie derart, dass S als R-Modul profinit ist. Dann ist S ein profiniter Ring, dh. S ist isomorph zu einem projektiven Limes von artinschen Ringen.

(Die Behauptung besagt, dass jeder offene R-Untermodul $S' \subset S$ ein offenes Ideal enthält. Da das Multiplizieren auf S stetig ist, gibt es offene Untermoduln $S_1 \subset S$ und $S_1' \subset S'$ mit $S_1 \cdot S_1' \subset S'$; nun ist S/S_1 ein R-Modul endlicher Länge und daher insbesondere endlich erzeugt und man erhält hieraus die Existenz eines offenen Untermoduls $S_2' \subset S_1'$ mit $S \cdot S_2' \subset S'$ und damit die Behauptung)

§8. Einheitengruppen

Im vorangehenden Paragraphen konstruierten wir zu einem vollständigen diskreten Bewertungsring S mit Restklassenkörper k einen proglatten k-Ring $\mathcal{S}$ mit $\mathcal{S}(k) \xrightarrow{\sim} S$, und wir wollen hier die Einheitengruppe $U(S) = \mathcal{S}^*$ untersuchen. Zunächst finden wir eine Untergruppe $U^1(S)$ von $U(S)$ mit $U^1(S)(k) =$ Einseinheiten von S und eine Zerlegung $U(S) \xrightarrow{\sim} U^1(S) \times \hat{\mu}_k$. Die k-Gruppe $U^1(S)$ ist unipotent und es gibt einen Epimorphismus

$$B : \mathcal{C}_k^e \longrightarrow U^1(S)$$

mit proetalem Kern ($e = e(S) =$ absolute Verzweigungsordnung von S). Dabei ist B genau dann ein Isomorphismus, wenn $e_1 = \frac{e}{p-1}$ nicht ganz ist, und für $e_1 \in \mathbb{N}$ gilt

$$(\mathrm{Ker}\ B) \otimes_k k_s \xrightarrow{\sim} (\hat{\mathbb{Z}}_p)_{k_s}$$

(k_s = separable Hülle von k).

Für einen perfekten Restklassenkörper k findet man diese Ergebnisse in [2] V, §4, Theorème 3.8 (vgl. auch [8] §1.).

Für den ganzen Paragrahen ist k ein Körper mit p-Basis $\mathcal{B}$ (Bezeichnungen von 2.2).

8.1 Im Folgenden ist S <u>ein vollständiger Noetherscher lokaler Ring mit Restklassenkörper</u> k und ab 8.3 verlangen wir zudem, dass S ein diskreter Bewertungsring ist. Wir fixieren eine $\mathcal{C}(k)$-Algebrastruktur auf S gemäss 3.7 und bezeichnen mit $G(S)$ <u>die $\mathcal{C}_k$-Algebra</u>

$G_{\mathcal{C}_k}(S)$ (7.5) und mit $U(S)$ die Einheitengruppe $G(S)^*$ von $G(S)$. Nach Korollar 7.3 (a) gilt dann in kanonischer Weise $G(S)(k) = S$ und $U(S)(k) = S^*$.

Zum Beispiel erhalten wir für $S = k$: $G(k) = \hat{\mathcal{C}}_{1k}$ und $U(k) = \hat{\mu}_k = \hat{\mathcal{C}}^*_{1k}$ (vgl. die Beispiele 7.5).

Bemerkung: Die obige Konstruktion des k-Ringes $G(S)$ und der Einheitengruppe $U(S)$ hängt sowohl von der Wahl der p-Basis $\mathcal{B} \subset k$ als auch von der Wahl der $\mathcal{C}(k)$-Algebrastruktur auf S ab. Wir werden jedoch im letzten Kapitel sehen, dass für einen vollständigen diskreten Bewertungsring S der Isomorphietyp des k-Ringes $G(S)$ und der k-Gruppe $U(S)$ durch den Ring S eindeutig bestimmt ist.

Ist $q : S \to k$ die Restklassenabbildung, $\mathfrak{m} = \operatorname{Ker} q$ das Maximalideal, und sind $q_n : S \to S/\mathfrak{m}^n$ die kanonischen Projektionen, so setzen wir für $n \geq 1$

$$U^n(S) = \operatorname{Ker}(\, U(q_n) : U(S) \longrightarrow U(S/\mathfrak{m}^n)\,)$$

und nennen $U^n(S)$ die k-Gruppe der n-Einheiten von S.

Lemma: Ist $I \subset S$ ein echtes Ideal, $i : I \hookrightarrow S$ die Inklusion und $q : S \to S/I$ die Projektion, so ist

$$U(q) : U(S) \longrightarrow U(S/I)$$

ein Epimorphismus in Ac_k und der Morphismus $1 + G(i) : G(I) \to \operatorname{Ker} U(q)$ ist ein Isomorphismus von k-Schemata; insbesondere gilt

$$\operatorname{Ker} U(q) = 1 + \operatorname{Im} G(i)$$

Beweis: Nach Zusatz 7.3 (b) haben wir die exakte Sequenz

$$0 \longrightarrow G(I) \xrightarrow{G(i)} G(S) \xrightarrow{G(q)} G(S/I) \longrightarrow 0$$

woraus die zweite Behauptung folgt. Zum Beweis der ersten Behauptung können wir annehmen, dass die $\mathcal{C}(k)$-Algebra S von endlicher Länge ist (U vertauscht ebenso wie G mit gefilterten projektiven Limiten). Betrachten wir wie früher den $\mathcal{C}_k$-Algebrenfunktor $F(S)$ gegeben durch $R \longmapsto \mathcal{C}_k(R) \otimes_{\mathcal{C}(k)} S$ für $R \in \underline{M}_k$ und setzen wir $V(S) = F(S)^*$, so erhalten wir aus Lemma 7.4 einen kanonischen Isomorphismus $\overset{\approx}{V}(S) \xrightarrow{\sim} U(S)$, wobei $\overset{\approx}{V}(S)$ die assoziierte harte Garbe zum Funktor $V(S)$ ist. Da $F(q) : F(S) \longrightarrow F(S/I)$ ein Epimorphismus von k-Funktoren ist und da $Ker(F(q)(R))$ für alle $R \in \underline{M}_k$ im Radikal von $F(S)(R) = \mathcal{C}_k(R) \otimes_{\mathcal{C}(k)} S$ enthalten ist, ist auch $V(q) : V(S) \longrightarrow V(S/I)$ ein Epimorphismus von Funktoren, und folglich $U(q) \cong \overset{\approx}{V}(q)$ ein Epimorphismus in $\underline{Ac}_k$.

8.2 Ist $\mathcal{G}$ eine kommutative k-Gruppe, so bezeichnen wir mit $\mathcal{G}^m$ den multiplikativen Bestandteil von $\mathcal{G}$: $\mathcal{G}^m$ ist die eindeutig bestimmte multiplikative Untergruppe von $\mathcal{G}$ mit $\mathcal{G}/\mathcal{G}^m$ unipotent (vgl. [2] IV, §3, 1.1). Aus der Definition von $\hat{\mu}_k = \hat{\mathcal{C}}^*_{\wedge k}$ in 3.1 erhält man zum Beispiel

$$(\hat{\mu}_k)^m = \overset{\infty}{\mu}_k$$

wobei $\overset{\infty}{\mu}_k$ der projektive Limes des Systems $\xrightarrow{F} \mu_k \xrightarrow{F} \mu_k \xrightarrow{F} \mu_k$ ist und in kanonischer Weise in $\hat{\mu}_k$ enthalten ist.

Satz: (1) *Die exakte Sequenz*

$$1 \longrightarrow U^1(S) \longrightarrow U(S) \xrightarrow{U(q)} \hat{\mu}_k \longrightarrow 1$$

spaltet.

(2) *Für* $n \geq 1$ *haben wir Isomorphismen*

$$U^n(S)/U^{n+1}(S) \xrightarrow{\sim} G(\mathfrak{m}^n/\mathfrak{m}^{n+1}) \ ;$$

insbesondere ist $U^1(S)$ *unipotent*.

(3) *Der multiplikative Bestandteil* $U(S)^m$ *von* $U(S)$ *ist isomorph zu* $\overset{\infty}{\mu}_k$.

Beweis: (1) Diese Behauptung folgt aus obigem Lemma zusammen mit Zusatz 3.8 (dort wird der Fall $S = \mathcal{C}(k)$ betrachtet).

(2) Wir betrachten das kommutative Diagramm von k-Schemata

$$\begin{array}{ccc} G(\mathfrak{m}^{n+1}) & \xrightarrow[\sim]{j} & U^{n+1}(S) \\ \big\downarrow{\scriptstyle \varphi = G(\mathrm{Inkl.})} & & \big\downarrow{\scriptstyle \mathrm{Inkl.}} \\ G(\mathfrak{m}^n) & \xrightarrow[\sim]{j} & U^n(S) \end{array}$$

wobei j durch den Morphismus $1 + G(\mathrm{Inkl.})$ induziert wird. Wir erhalten daraus

$$G(\mathfrak{m}^n/\mathfrak{m}^{n+1}) \xrightarrow{\sim} \mathrm{Coker}\,\varphi \xrightarrow{\sim} \mathrm{Coker\ Inkl.} \xrightarrow{\sim} U^n(S)/U^{n+1}(S)$$

und die Komposition ist ein Isomorphismus von k-Gruppen. Wegen $\mathfrak{m}^n/\mathfrak{m}^{n+1} \xrightarrow{\sim} k^r$ mit $r = \dim_k(\mathfrak{m}^n/\mathfrak{m}^{n+1})$ erhalten wir $G(\mathfrak{m}^n/\mathfrak{m}^{n+1}) \xrightarrow{\sim} \hat{\mathcal{C}}_{1k}^{\,r}$ und $U^n(S)/U^{n+1}(S)$ ist daher unipotent.

(3) Diese Behauptung ergibt sich unmittelbar aus (1) und (2) und der Beziehung $(\hat{\mu}_k)^m = \overset{\infty}{\mu}_k$ (vgl. oben).

Bemerkung: Aus obigem Satz (1) erhalten wir für jeden vollständigen Noetherschen lokalen Ring S mit Maximalideal $\mathfrak{m}$ und Restklassenkörper k einen Isomorphismus

$$S^* \xrightarrow{\sim} (1 + \mathfrak{m}) \times k^*$$

Diese Zerlegung ist im allgemeinen nicht eindeutig. In der Aussage (3) spiegelt sich jedoch die Tatsache wieder, dass jeder Schnitt der kanonischen Projektion $pr : S^* \longrightarrow k^*$ auf der Untergruppe $(k^{p^\infty})^* \subset k^*$ eindeutig bestimmt ist (vgl. hierzu [7] §8.).

8.3 Bis zum Ende dieses Paragraphen ist S ein vollständiger diskreter Bewertungsring (versehen mit einer fixierten Struktur einer $\mathcal{C}(k)$-Algebra gemäss 8.1), $\nu : S \longrightarrow \mathbb{Z}$ die diskrete Bewertung, $\pi \in \mathfrak{m}$ eine Ortsuniformisierende und $e = \nu(p)$ die absolute Verzweigungsordung. Wir setzen zudem voraus, dass S die Charakteristik 0 hat, dass also e endlich ist (für den charakteristikgleichen Fall vergleiche Uebungsaufgabe 8.6). Insbesondere ist dann $u = p \cdot \pi^{-e}$ eine Einheit in S.

Sei $e_1 = \frac{e}{p-1}$ und $\lambda : \mathbb{N} \longrightarrow \mathbb{N}$ die ganzzahlige Funktion definiert durch

$$\lambda(n) = \mathrm{Min}(p \cdot n, n+e) = \begin{cases} p \cdot n & \text{für } n \leq e_1 \\ p+e & \text{für } n \geq e_1 \end{cases}$$

Durch die Wahl der Ortsuniformisierenden π erhalten wir Isomorphismen $k^+ \xrightarrow{\sim} \mathfrak{m}^n/\mathfrak{m}^{n+1}$ für $n > 0$, und damit nach Satz 8.2 (2) Isomorphismen

$$i_n : \hat{\mathcal{C}}_{1k} \xrightarrow{\sim} U^n(S)/U^{n+1}(S)$$

Diese werden induziert durch die Morphismen

$$i'_n \; : \; \mathcal{C}_k \longrightarrow U^n(S)$$

gegeben durch $i'_n(x) = 1 + x \otimes \pi^n$ für $x \in \mathcal{C}_k(R)$, $R \in \underline{M}_k$ (Man beachte, dass S ein freier $\mathcal{C}(k)$-Modul ist, und folglich $G(S)(R) = \mathcal{C}(R) \otimes_{\mathcal{C}(k)} S$ gilt in kanonischer Weise).

Satz: Ist $h : U(S) \longrightarrow U(S)$ der Endomorphismus $x \longmapsto x^p$ so gilt für alle $n > 0$

$$h(U^n(S)) \subset U^{\lambda(n)}(S)$$

und folglich

$$h(U^{n+1}(S)) \subset U^{\lambda(n)+1}(S)$$

und die induzierten Homomorphismen

$$h_n \; : \; U^n(S)/U^{n+1}(S) \longrightarrow U^{\lambda(n)}(S)/U^{\lambda(n)+1}(S)$$

haben folgende Eigenschaften:

(1) h_n ist ein Isomorphismus für $n > e_1$.

(2) h_n ist ein Monomorphismus für $n \overline{<} e_1$ mit dem kommutativen Diagramm

$$\begin{array}{ccc} U^n(S)/U^{n+1}(S) & \xrightarrow{h_n} & U^{(n)}(S)/U^{(n)+1}(S) \\ \wr\uparrow i_n & & \wr\uparrow i_{\lambda(n)} \\ \hat{\mathcal{C}}_{1k} & \xrightarrow{\varphi} & \hat{\mathcal{C}}_{1k} \end{array}$$

(zur Definition von φ vergleiche 3.1).

(3) Ist e_1 ganz, so ist h_{e_1} ein Epimorphismus mit etalem Kern.

Beweis: Für $R \in \underline{M}_k$ und $x \in \mathcal{C}_k(R)$ erhalten wir

$$h(1+x\otimes\pi^n) = (1+x\otimes\pi^n)^p \equiv 1 + x\otimes p\pi^n + x^p\otimes\pi^{np}$$
$$\equiv 1 + ux\otimes\pi^{e+n} + x^p\otimes\pi^{np} \quad \mathrm{mod}(\pi^{\lambda(n)+1}G(S)(R))$$

Wir erhalten daraus $h(U^n(S)) \subset U^{\lambda(n)}(S)$ und ein kommutatives Diagramm

$$\begin{array}{ccc} U^n(S)/U^{n+1}(S) & \xrightarrow{h_n} & U^{\lambda(n)}(S)/U^{\lambda(n)+1}(S) \\ \wr\uparrow i_n & & \wr\uparrow i_{\lambda(n)} \\ \hat{\mathcal{C}}_{1k} & \xrightarrow{w_n} & \hat{\mathcal{C}}_{1k} \end{array}$$

mit

$$w_n = \begin{cases} \varphi & \text{für} \quad n < e_1 \\ \varphi + \bar{u}\cdot\mathrm{Id} & \text{für} \quad n = e_1,\ e_1 \text{ ganz} \\ \bar{u}\cdot\mathrm{Id} & \text{für} \quad n > e_1 \end{cases}$$

wobei $\bar{u} \in k = \hat{\mathcal{C}}_{1k}(k)$ das Bild von $u = p\cdot\pi^{-e} \in S = G(S)(k)$ bei der kanonischen Projektion $q : S \longrightarrow k$ ist. Die Behauptungen (1) und (2) sind damit bewiesen (vgl. Satz 3.4 und Bemerkung) und (3) ergibt sich aus dem folgenden Lemma.

Lemma: Ist $z \in k^*$, so ist der Homomorphismus

$$\varphi + z\,\mathrm{Id} : \hat{\mathcal{C}}_{1k} \longrightarrow \hat{\mathcal{C}}_{1k}$$

ein Epimorphismus mit etalem Kern ${}_z\hat{\mathcal{C}}_{1k}$. Ist k_s die separable Hülle von k so gilt

$${}_z\hat{\mathcal{C}}_{1k}\otimes_k k_s \xrightarrow{\sim} (\mathbb{Z}/p\cdot\mathbb{Z})_{k_s}$$

mit ${}_z\hat{\mathcal{C}}_{1k} \xrightarrow{\sim} (\mathbb{Z}/p\mathbb{Z})_k$ genau dann, wenn die Gleichung $X^{p-1} + z = 0$ in k eine Lösung hat.

Beweis: Die letzte Behauptung folgt offensichtlich aus den vorangehenden und wir können daher k separabel abgeschlossen voraussetzen (vgl. Uebungsaufgabe 3.10). Dann ist $\varphi + z\cdot\mathrm{Id}$ surjektiv auf den rationalen Punkten und folglich ein Epimorphismus in $\underline{Ac}_k$. Ist $x \in k$ eine Lösung von $X^{p-1} + z = 0$, so erhalten wir das kommutative Diagramm

$$\begin{array}{ccc} \hat{\mathcal{C}}_{1k} & \xrightarrow{\varphi + \bar{u}\cdot\mathrm{Id}} & \hat{\mathcal{C}}_{1k} \\ \wr\uparrow x\cdot & & \wr\uparrow x^{p}\cdot \\ \hat{\mathcal{C}}_{1k} & \xrightarrow{\varphi - \mathrm{Id}} & \hat{\mathcal{C}}_{1k} \end{array}$$

und daher $\mathrm{Ker}(\varphi + z\cdot\mathrm{Id}) \xrightarrow{\sim} \mathcal{K} = \mathrm{Ker}(\varphi - \mathrm{Id})$, und es genügt wegen $\mathcal{K}(k) \xrightarrow{\sim} \mathbb{Z}/p\cdot\mathbb{Z}$ zu zeigen, dass $\mathcal{K}$ etal ist. Nun ist aber $\mathcal{K}$ ein Unterring von $\hat{\mathcal{C}}_{1k}$ und es gilt

$$\mathcal{K}^* = \mathcal{K} \cap \hat{\mathcal{C}}^*_{1k} = \mathrm{Ker}(\ ?^{p-1} : \hat{\mathcal{C}}^*_{1k} \longrightarrow \hat{\mathcal{C}}^*_{1k}) .$$

$\mathcal{K}^*$ ist daher multiplikativ und folglich nach Satz 8.2 (3)

$$\mathcal{K}^* = \mathrm{Ker}(\ ?^{p-1} : \overset{\infty}{\mu}_k \longrightarrow \overset{\infty}{\mu}_k) \xrightarrow{\sim} (\mathbb{Z}/p\mathbb{Z})^*_k$$

Wegen $\mathcal{K}^* = \mathcal{K} \cap \hat{\mathcal{C}}^*_{1k}$ ist $\mathcal{K}^*$ offen in $\mathcal{K}$ und daher auch $\mathcal{K}$ etal.

8.4 Lemma: Ist $n > 0$ und $\varphi : \mathcal{C}_k \longrightarrow U^n(S)/U^{n+1}(S)$ ein Homomorphismus, so gibt es einen Homomorphismus $\Phi : \mathcal{C}_k \longrightarrow U^n(S)$ mit dem kommutativen Diagramm

$$\begin{array}{ccc} \mathcal{C}_k & \xrightarrow{\Phi} & U^n(S) \\ & \searrow^{\varphi} & \downarrow pr \\ & & U^n(S)/U^{n+1}(S) \end{array}$$

Beweis: Wegen $U^n(S) \xrightarrow{\sim} \varprojlim_i U^n(S)/U^{n+i}(S)$ genügt es zu zeigen, dass sich jeder Homomorphismus $\varphi_i : \mathcal{C}_k \longrightarrow U^n(S)/U^{n+i}(S)$ zu einem Homomorphismus $\varphi_{i+1} : \mathcal{C}_k \longrightarrow U^n(S)/U^{n+i+1}(S)$ hochheben lässt. Dies folgt aber wegen

$$\mathrm{Ker}(pr: U^n(S)/U^{n+i+1}(S) \longrightarrow U^n(S)/U^{n+i}(S)) \xrightarrow{\sim} \hat{\mathcal{C}}_{1k}$$

nach Satz 8.2 (b) aus der Tatsache, dass $\underline{Ac}^1_k(\mathcal{C}_k, \hat{\mathcal{C}}_{1k}) = 0$ gilt nach Satz 5.3.

8.5 Wir verwenden den Isomorphismus $\hat{u} : \hat{\mathcal{C}}_{1k}^{J_1} \xrightarrow{\sim} \hat{\mathcal{C}}_{1k}$ von Satz 3.4 und setzen $N = J_1 - \{0\}$. Mit Hilfe des Monomorphismus

$$s = \hat{u}|\hat{\mathcal{C}}_{1k}^N : \hat{\mathcal{C}}_{1k}^N \longrightarrow \hat{\mathcal{C}}_{1k}$$

erhalten wir dann die Zerlegung $\hat{\mathcal{C}}_{1k} = s(\hat{\mathcal{C}}_{1k}^N) \oplus \varphi(\hat{\mathcal{C}}_{1k})$ und wir bezeichnen mit $\beta : \mathcal{C}_k^N \longrightarrow \hat{\mathcal{C}}_{1k}$ die Komposition der kanonischen Projektion $\mathcal{C}_k^N \longrightarrow \hat{\mathcal{C}}_{1k}^N$ mit s.

Sei $E = \{n \in \mathbb{Z} \mid 0 < n < e + e_1\}$ und $E_\nu = \{n \in E \mid (n, p^\infty) = p^\nu\}$ wobei (n, p^∞) die grösste p-Potenz ist, die n teilt. Dann haben wir die disjunkte Zerlegung

$$E = \bigcup_{\nu=0}^{r} E_\nu$$

mit $r = \mathrm{Max}\{\nu \mid p^\nu < e + e_1\}$ Mit obigem Lemma 8.4 erhalten wir für jedes $n \in E_0$ einen Homomorphismus

$$\beta(n) : \mathcal{C}_k \longrightarrow U^n(S)$$

mit dem kommutativen Diagramm

$$\begin{array}{ccc} \mathcal{C}_k & \xrightarrow{\beta(n)} & U^n(S) \\ \downarrow{\scriptstyle \pi_1} & & \downarrow{\scriptstyle pr} \\ \hat{\mathcal{C}}_{1k} & \underset{\sim}{\xrightarrow{i_n}} & U^n(S)/U^{n+1}(S) \end{array}$$

und für jedes $n \in E_\nu$ $\nu > 0$ einen Homomorphismus

$$\beta(n) : \mathcal{C}_k^N \longrightarrow U^n(S)$$

mit dem kommutativen Diagramm

$$\begin{array}{ccc} \mathcal{C}_k^N & \xrightarrow{\beta(n)} & U^n(S) \\ \downarrow{\scriptstyle \beta} & & \downarrow{\scriptstyle pr} \\ \hat{\mathcal{C}}_{1k} & \underset{\sim}{\xrightarrow{i_n}} & U^n(S)/U^{n+1}(S) \end{array}$$

Wir erhalten damit einen Homomorphismus

$$\tilde{B} \ : \ \mathcal{C}_k^{E_0} \oplus \bigoplus_{\nu=1}^{r} (\mathcal{C}_k^N)^{E_\nu} \longrightarrow U^1(S) \qquad (*)$$

gegeben durch die Komponenten

$$\tilde{B}_n \ : \ \mathcal{C}_k \xrightarrow{\beta(n)} U^n(S) \hookrightarrow U^1(S) \qquad \text{für } n \in E_0$$

$$\tilde{B}_m \ : \ \mathcal{C}_k^N \xrightarrow{\beta(m)} U^m(S) \hookrightarrow U^1(S) \qquad \text{für } m \in \bigcup_{\nu=1}^{r} E_\nu$$

Ist k perfekt, so ist $N = J_1 - \{0\} = \emptyset$ und die linke Seite von (*) ist daher gleich $\mathcal{C}_k^{E_0}$. Wir wollen uns nun überlegen, dass es auch für einen beliebigen Körper k mit p-Basis $\mathcal{B}$ einen Isomorphismus

$$\varphi : \mathcal{C}_k^{E_0} \xrightarrow{\sim} \mathcal{C}_k^{E_0} \oplus \bigoplus_{\nu=1}^{r} (\mathcal{C}_k^N)^{E_\nu}$$

gibt. Dies folgt durch Induktion über ν aus der Existenz eines Isomorphismus

$$\mathcal{C}_k^{E_0} \xrightarrow{\sim} \mathcal{C}_k^{E_0} \oplus (\mathcal{C}_k^N)^{E_\nu}$$

für alle ν, welchen wir folgendermassen konstruieren: Nach Definition gibt es Elemente $n_1,\ldots,n_t \in E_0$ mit $E_\nu = \{p^\nu \cdot n_1,\ldots,p^\nu \cdot n_t\}$. Ist dann $E' = E_0 - \{n_1,\ldots,n_t\}$, so erhalten wir

$$\mathcal{C}_k^{E_0} \oplus (\mathcal{C}_k^N)^{E_\nu} = \mathcal{C}_k^{E'} \oplus \mathcal{C}_k^{E_\nu} \oplus (\mathcal{C}_k^N)^{E_\nu} = \mathcal{C}_k^{E'} \oplus (\mathcal{C}_k^{J_1})^{E_\nu}$$

und die Behauptung folgt mit Hilfe des Isomorphismus $\alpha : \mathcal{C}_k^{J_1} \xrightarrow{\sim} \mathcal{C}_k$ aus Satz 3.4.

Die Komposition von φ mit $\widetilde{B}$ bezeichnen wir mit

$$B : \mathcal{C}_k^{E_0} \longrightarrow U^1(S)$$

und wir erhalten folgenden Struktursatz :

Struktursatz: Der Homomorphismus

$$B : \mathcal{C}_k^{E_0} \longrightarrow U^1(S)$$

ist ein Epimorphismus mit proetalem Kern und es gilt:

(a) B ist genau dann ein Isomorphismus, wenn $e_1 = \frac{p}{p-1}$ nicht ganz ist.

(b) Ist e_1 ganz, so ist $(\mathrm{Ker}\ B) \otimes_k k_s \xrightarrow{\sim} (\hat{\mathbb{Z}}_p)_{k_s}$ mit $\mathrm{Ker}\ B \xrightarrow{\sim} (\hat{\mathbb{Z}}_p)_k$ genau dann, wenn S eine p-te Einheitswurzel enthält.

Beweis: (vgl. [2] V, §4, 3.8 oder auch [8] 1.8, Proposition 7)
Sei $G = \mathcal{C}_k^{E_0} \oplus \bigoplus_{\nu=1}^{r} (\mathcal{C}_k^N)^{E_\nu}$ und G^n der n-te Faktor dh. $G^n = \mathcal{C}_k$ für $n \in E_0$ und $G^n = \mathcal{C}_k^N$ für $n \in \bigcup_{\nu=1}^{r} E_\nu$. Es gilt dann

$$\tilde{B}_j(p^m \cdot G^j) \subset U^{\lambda^m(j)}(S)$$

mit $\lambda^m = \lambda \circ \lambda \circ \cdots \circ \lambda$ die m-fache Komposition. Sei $m(n,j) = \operatorname{Min}\{m \geq 0 \mid \lambda^m(j) \leq n\}$ und $G_n = \bigoplus_j p^{m(n,j)} \cdot G^j \subset G$; dann gilt $\tilde{B}(G_n) \subset U^n(S)$. Nun lässt sich jedes Element $n \in \mathbb{N}$ eindeutig in der Form $n = \lambda^q(i)$ darstellen mit $i = i(n) \in E_0$ und $q = q(n) \geq 0$. Sezten wir $s = s(n) = \operatorname{Max}\{\nu \leq q(n) \mid p^\nu \cdot i(n) \in E\}$, so erhalten wir die Darstellungen

$$n = \lambda^q(i) = \lambda^{q-1}(pi) = \ldots = \lambda^{q-s}(p^s i)$$

mit $i, pi, \ldots, p^s i \in E$. Zudem folgt aus der Definition von $s(n)$

$$s(\lambda(n)) = \begin{cases} s(n) + 1 = q(\lambda(n)) & \text{für } n < e_1 \\ s(n) & \text{für } n \geq e_1 \end{cases} \qquad (1)$$

Ist nun $j \neq i, pi, \ldots, p^s i$, so stimmt der j-te Faktor von G_n mit dem j-ten Faktor von G_{n+1} überein; für $j = p^\nu \cdot i$ mit $0 \leq \nu \leq s$ lautet der j-te Faktor von G_n bzw. G_{n+1} : $p^{q-\nu} G^j$ bzw. $p^{q-\nu+1} G^j$ und wir erhalten daraus

$$G_{n+1} \subset G_n \quad \text{und} \quad G_n/G_{n+1} \xrightarrow{\sim} \bigoplus_{\nu=0}^{s(n)} p^{q-\nu} \cdot G^{i \cdot p^\nu} / p^{q-\nu+1} \cdot G^{i \cdot p^\nu}. \qquad (2)$$

$\tilde{B}$ induziert daher einen Homomorphismus

$$b_n : G_n/G_{n+1} \longrightarrow U^n(S)/U^{n+1}(S).$$

Setzen wir $\Gamma = \operatorname{Ker} B$ und $\Gamma_n = \Gamma \cap G_n$, so erhalten wir ein kommutatives Diagramm

$$\begin{array}{ccccccccccc}
 & & & & \Gamma_n/\Gamma_{n+1} & \longrightarrow & \Gamma_{\lambda(n)}/\Gamma_{\lambda(n)+1} & & & & \\
 & & & & \downarrow & & \downarrow & & & & \\
 & & & & G_n/G_{n+1} & \xrightarrow{v_n} & G_{\lambda(n)}/G_{\lambda(n)+1} & \longrightarrow & \operatorname{Coker} v_n & \longrightarrow & 0 \\
 & & & & \downarrow b_n & & \downarrow b_{\lambda(n)} & & \downarrow b'_{\lambda(n)} & & \\
1 & \longrightarrow & \operatorname{Ker} h_n & \longrightarrow & U^n/U^{n+1} & \xrightarrow{h_n} & U^{\lambda(n)}/U^{\lambda(n)+1} & \longrightarrow & \operatorname{Coker} h_n & \longrightarrow & 1
\end{array} \tag{3}$$

wobei v_n durch das Multiplizieren mit p induziert ist und ein Monomorphismus ist. Aus (1) und (2) erhalten wir nun

$$\operatorname{Coker} v_n \xrightarrow{\sim} \begin{cases} 0 & \text{für } n \geq e_1 \\ G^{\lambda(n)}/p\cdot G^{\lambda(n)} \xrightarrow{\sim} \mathcal{C}_{1k}^N & \text{für } n < e_1 \end{cases}$$

und aus Satz 8.3 folgt

$$\operatorname{Coker} h_n \xrightarrow{\sim} \begin{cases} 0 & \text{für } n \geq e_1 \\ \mathcal{C}_{1k}^N & \text{für } n < e_1 \end{cases}$$

Aus der Konstruktion des Homomorphismus $\tilde{B}_{\lambda(n)} : \mathcal{C}_{1k}^N \longrightarrow U^1(S)$ ergibt sich hieraus sofort, dass der induzierte Homomorphismus $b'_{\lambda(n)} : \operatorname{Coker} v_n \xrightarrow{\sim} \operatorname{Coker} h_n$ ein Isomorphismus ist. Für $n \in E_0$ ist b_n nach Konstruktion die Komposition

$$G_n/G_{n+1} \xrightarrow{\sim} G^n/p\,G^n \xrightarrow{\sim} \hat{\mathcal{C}}_{1k} \xrightarrow{\sim} U^n(S)/U^{n+1}(S)$$

und daher ein Isomorphismus. Hieraus folgt durch Induktion aus dem Diagramm (3), dass b_n ein Epimorphismus ist für alle $n > 0$ und ein Isomorphismus für diejenigen n, die nicht von der Gestalt $\lambda^q(e_1)$ mit $q \geq 1$ sind. Es ist daher auch $\tilde{B} : G \longrightarrow U^1(S)$ ein

Epimorphismus und es gilt $B(G_n) = U^n(S)$ und damit auch $\Gamma_n/\Gamma_{n+1} \xrightarrow{\sim} \operatorname{Ker} b_n$. Insbesondere haben wir für ein $n \neq \lambda^q(e_1)$, $q \geq 1$: $\Gamma_n = \Gamma_{n+1}$, und für $n = e_1$ erhalten wir aus dem "Schlangen-lemma" einen Isomorphismus

$$\Gamma_{e_1+e}/\Gamma_{e_1+e+1} \xrightarrow{\sim} \operatorname{Ker} h_{e_1} = {}_{\bar{u}}\hat{\mathcal{C}}_{1k}$$

und Isomorphismen

$$\Gamma_{e_1+me}/\Gamma_{e_1+me+1} \xrightarrow{\sim} \Gamma_{e_1+(m+1)e}/\Gamma_{e_1+(m+1)e+1}$$

für $m > 0$. $\operatorname{Ker} \tilde{B} = \Gamma = \varprojlim_n \Gamma/\Gamma_n$ ist daher proetal, und mit Hilfe eines Elementes $x \in \Gamma_{e_1+e}(k_s) - \Gamma_{e_1+e+1}(k_s)$ erhalten wir einen Isomorphismus

$$\varphi : (\hat{\mathbb{Z}}_p)_{k_s} \longrightarrow \Gamma \otimes_k k_s$$

gegeben durch $\varphi(1) = x$ (Lemma 8.3). Damit sind alle Behauptungen bis auf die letzte bewiesen, und diese ergibt sich unmittelbar aus folgendem Lemma:

Lemma: Folgende beiden Aussagen sind äquivalent:

(i) $e_1 = \frac{e}{p-1}$ ist ganz und die Gleichung $X^{p-1} + \bar{u} = 0$ hat eine Lösung in k ($\bar{u}$ ist die Restklasse von $u = p\cdot\pi^{-e}$ in k).

(ii) S enthält eine p-te Einheitswurzel.

Beweis: (ii) $\Rightarrow$ (i) : Enthält S eine p-te Einheitswurzel, so ist der Homomorphismus "Potenzieren mit p" nicht injektiv. Aus Satz 8.3 erhalten wir dann, dass e_1 ganz ist und dass $\operatorname{Ker} h \xrightarrow{\sim} {}_{\bar{u}}\hat{\mathcal{C}}_{1k}$ gilt. Wegen $\operatorname{Ker} h(k) \neq (1)$ folgt die Behauptung aus Lemma 8.3.

(i)$\Rightarrow$(ii) : Nach Satz 8.3 induziert der Homomorphismus $h = ?^p : U^1(S) \longrightarrow U^1(S)$ einen Isomorphismus $U^n(S) \xrightarrow{\sim} U^{n+e}(S)$ für $n > e_1$ und eine exakte Sequenz

$$1 \longrightarrow \operatorname{Ker} h \longrightarrow U^{e_1}(S) \longrightarrow U^{e_1+e}(S) \longrightarrow 1$$

und aus der Voraussetzung folgt mit Lemma 8.3, dass $\operatorname{Ker} h \xrightarrow{\sim} (\mathbb{Z}/p\mathbb{Z})_k$ gilt. Ker h(k) besteht daher aus den p-ten Einheitswurzeln von S.

8.6 Uebungsaufgabe (der charakteristikgleiche Fall) :

Sei S ein vollständiger diskreter Bewertungsring der Charakteristik p mit Restklassenkörper k (dh. $S \xrightarrow{\sim} k[[t]]$). Dann gibt es einen Isomorphismus

$$B : \mathcal{C}_k^{\mathbb{N}} \xrightarrow{\sim} U^1(S)$$

und es gilt daher

$$U(S) \xrightarrow{\sim} \mathcal{C}_k^{\mathbb{N}} \times \hat{\mu}_k .$$

(Verwende die gleichen Konstruktionen wie in 8.5; es ist dann $E = \mathbb{N}$, $E_0 = \{n \in \mathbb{N} \ (n,p)=1\}$ und $E_\infty = \bigcup_{\nu=1}^{\infty} E_\nu = \mathbb{N} - E_0$ und den Homomorphismus

$$\tilde{B} : \mathcal{C}_k^{E_0} \times (\mathcal{C}_k^N)^{E_\infty} \rightarrow U^1(S)$$

erhält man als projektiven Limes aus den Homomorphismen

$$\tilde{B}' : \mathcal{C}_k^{E_0'} \times (\mathcal{C}_k^N)^{E_\infty'} \longrightarrow U^1(S)$$

wobei E_0' und E_∞' die endlichen Teilmengen von E_0 und E_∞ durchlaufen und die $\tilde{B}'$ wie in 8.5 konstruiert werden.)

Kapitel III. Kommutative Ringschemata

Dieses letzte Kapitel ist dem Studium der zusammenhängenden kommutativen k-Ringe gewidmet. Ist $\mathfrak{R}$ ein EL-Ring (vgl. Kap II) und $\mathfrak{m} \subset \mathfrak{R}(k)$ ein abgeschlossenes Maximalideal (abgeschlossen bezüglich der prodiskreten Topologie auf $\mathfrak{R}(k)$), so gibt es ein eindeutig bestimmtes kleinstes Ideal $\mathfrak{M} \subset \mathfrak{R}$ mit $\mathfrak{M}(k) = \mathfrak{m}$. Diese Ideale nennen wir Maximalideale von $\mathfrak{R}$ und wir erhalten eine Idempotentenzerlegung

$$\mathfrak{R} \xrightarrow{\sim} \prod_{\mathfrak{M}} \mathfrak{R}_{\mathfrak{M}}$$

wobei $\mathfrak{M}$ die Maximalideale von $\mathfrak{R}$ durchläuft und die $\mathfrak{R}_{\mathfrak{M}}$ lokale EL-Ringe sind. Ist $\mathfrak{R}$ proglatt, so ist auch $\mathfrak{M}$ proglatt und die kanonische Projektion $q_{\mathfrak{M}} : \mathfrak{R} \to \mathfrak{R}/\mathfrak{M}$ ist surjektiv auf den rationalen Punkten. Insbesondere ist $(\mathfrak{R}/\mathfrak{M})(k)$ ein Körper, und wir bestimmen die Stuktur der proglatten EL-Ringe $\mathfrak{K}$, deren rationale Punkte $\mathfrak{K}(k)$ einen Körper bilden: Diese entsprechen im algebraischen Falle eineindeutig den endlichen Körpererweiterungen K/k und im nicht algebraischen Falle bestimmten projektiven Limiten der algebraischen k-Körper (§9, Satz 9.3).

Der k-Ring $\mathcal{C}_k$ besitzt eine universelle Eigenschaft bezüglich der proglatten lokalen EL-Ringe analog zur universellen Eigenschaft des Cohenringes $\mathcal{C}(k)$. Hieraus folgern wir dann, dass die EL-Ringe unter den zusammenhängenden k-Ringen dadurch ausgezeichnet sind, dass es auf ihnen eine $\mathcal{C}_k$-Algebrastruktur gibt. Zudem besitzt ein EL-Ring $\mathfrak{R}$ genau dann eine ω_k-Algebrastruktur, wenn die Restklassenkörper $\mathfrak{R}/\mathfrak{M}$ nach den Maximalidealen $\mathfrak{M} \subset \mathfrak{R}$ alle algebraisch sind.

Mit Hilfe dieser Resultate behandeln wir dann im letzten Paragraphen noch die verschiedenen Unabhängigkeits- und Eindeutigkeitsprobleme, welche sich im Laufe dieser Arbeit ergeben haben. Es zeigt sich, dass der Isomorphietyp der k-Ringe $\mathcal{C}_{nk}$ und $\mathcal{C}_k$ unabhängig ist von der Wahl der p-Basis $\mathcal{B} \subset k$, welche bei der Konstruktion dieser Ringe wesentlich benutzt wurde (Kap. I), und eine entsprechende Aussage gilt für die in Kap.II konstruierten k-Ringe $\mathcal{S}$ zu einem vorgegebenen vollständigen diskreten Bewertungsring S mit Restklassenkörper k . Zum Schluss erhalten wir sogar das Resultat, dass für einen nicht perfekten Körper k der k-Ring $\mathcal{C}_k$ bis auf Isomorphie im wesentlichen der einzige k-Ring ist, dessen rationale Punkte einen Cohenring zu k bilden; ein Ergebnis, das für perfekte Körper k offensichtlich falsch ist.

In der Arbeit [5] findet man eine erste systematische Untersuchung von glatten algebraischen k-Ringen über einem algebraisch abgeschlossenen Körper k . Diese wurden durch die Arbeiten [3] und [4] ergänzt und auf nicht notwendig glatte k-Ringe erweitert.

§9. Ideale und Restklassenkörper von k-Ringen

Ist $\mathfrak{R}$ ein k-Ring und $\mathfrak{a} \subset \mathfrak{R}(k)$ ein Ideal im Ring der rationalen Punkte von $\mathfrak{R}$, so gibt es ein eindeutig bestimmtes kleinstes Ideal $\mathfrak{J} = \mathfrak{J}(\mathfrak{a}) \subset \mathfrak{R}$ mit $\mathfrak{J}(k) \supseteq \mathfrak{a}$. Ist speziell $\mathfrak{R}$ proglatt und $\mathfrak{m} \subset \mathfrak{R}(k)$ ein Maximalideal, so ist $\mathfrak{J}(\mathfrak{m})$ auch proglatt und die rationalen Punkte des Restklassenringes $\mathfrak{R}/\mathfrak{J}(\mathfrak{m})$ bilden einen Körper. Für diese "Restklassenkörper" ergibt sich dann folgender Struktursatz: Ein proglatter EL-Ring, dessen rationale Punkte einen Körper bilden, ist isomorph zu K_a oder zu $\hat{K}_a$, wobei K/k eine endliche Körpererweiterung ist und $\hat{K}_a$ entsprechend wie $\hat{\mathfrak{E}}_{1k}$ (3.1) konstruiert wird.

9.1 Wir wollen zunächst einige Bezeichnungen einführen. Ist $\mathfrak{R}$ ein k-Ring, so denken wir uns den Ring $\mathfrak{R}(k)$ der rationalen Punkte von $\mathfrak{R}$ immer mit der <u>prodiskreten Topologie</u> versehen (6.1). Ist $F \subset \mathfrak{R}$ ein beliebiger Unterfunktor, so bezeichnen wir mit $\mathfrak{R} \cdot F$ <u>das kleinste Ideal</u> von $\mathfrak{R}$, welches F enthält:

$$F = \bigcap_{\substack{\mathfrak{a} \subset \mathfrak{R} \\ \mathfrak{a} \supset F}} \mathfrak{a}$$

Man vergleiche hierzu und zum folgenden die Ausführungen in 7.13, wo ähnliche Probleme im Falle eines EL-Ringes $\mathfrak{R}$ behandelt werden.

Ist $\mathfrak{a} \subset \mathfrak{R}$ ein Ideal von $\mathfrak{R}$, so bilden die rationalen Punkte $\mathfrak{a}(k)$ ein abgeschlossenes Ideal von $\mathfrak{R}(k)$ in der prodiskreten Topologie. Ist umgekehrt $\mathfrak{a} \subset \mathfrak{R}(k)$ ein abgeschlossenes Ideal und $I(\mathfrak{a})$ der Idealfunktor $R \longmapsto \mathfrak{R}(R)\cdot\mathfrak{a}$, so ist

$$\mathfrak{J}(\mathfrak{a}) = \mathfrak{R}\cdot I(\mathfrak{a})$$

das eindeutig bestimmte kleinste Ideal von $\mathfrak{R}$, dessen rationale Punkte $\mathfrak{a}$ umfassen. Im Falle eines perfekten Grundkörpers k gilt immer $\mathfrak{J}(\mathfrak{a})(k) = \mathfrak{a}$ (Satz 7.11), und bei endlichem p-Grad $[k : k^p]_p$ erhält man das gleiche Resultat für die speziellen k-Ringe $\mathfrak{C}_k$, $\hat{\mathfrak{C}}_{nk}$, $\prod_m \mathfrak{C}_{nk}$ (Zusatz 7.3). Man sieht jedoch leicht an Beispielen, dass dies im allgemeinen nicht richtig ist ($\mathfrak{W}_{nk}$ für nicht perfekte k).

Sind $\mathfrak{a}$, $\mathfrak{b}$ zwei Ideale von $\mathfrak{R}$, so bezeichnen wir mit $\mathfrak{a}\cdot\mathfrak{b}$ das kleinste Ideal, das den Produktfunktor $P : R \longmapsto \mathfrak{a}(R)\cdot\mathfrak{b}(R)$ enthält, dh. $\mathfrak{a}\cdot\mathfrak{b} = \mathfrak{R}\cdot P$. Für $n \geq 0$ ist $\mathfrak{a}^n$ induktiv definiert durch $\mathfrak{a}^0 = \mathfrak{R}$, $\mathfrak{a}^{n+1} = \mathfrak{a}\cdot\mathfrak{a}^n$.

Lemma: Sei $\mathfrak{R}$ ein k-Ring und $\mathfrak{a}, \mathfrak{b} \subseteq \mathfrak{R}(k)$ zwei Ideale. Dann gilt:

(1) $\mathfrak{J}(\mathfrak{a})\cdot\mathfrak{J}(\mathfrak{b}) = \mathfrak{J}(\mathfrak{a}\cdot\mathfrak{b})$, $\mathfrak{J}(\mathfrak{a}^n) = \mathfrak{J}(\mathfrak{a})^n$.

(2) Ist $\mathfrak{a}$ ein echtes abgeschlossenes Ideal von $\mathfrak{R}(k)$ so ist $\mathfrak{J}(\mathfrak{a})$ ebenfalls ein echtes Ideal von $\mathfrak{R}$; insbesondere gilt $\mathfrak{J}(\mathfrak{m})(k) = \mathfrak{m}$ für jedes abgeschlossene Maximalideal von $\mathfrak{R}(k)$.

(3) Ist $\mathfrak{R}$ algebraisch, so ist $\mathfrak{J}(\mathfrak{a})$ die assoziierte k-Garbe zum Idealfunktor $I(\mathfrak{a}) : R \longmapsto \mathfrak{R}(R)\cdot\mathfrak{a}$ und es gilt : $\mathfrak{J}(\mathfrak{a})(k) = \mathfrak{R}(\bar{k})\cdot\mathfrak{a} \cap \mathfrak{R}(k)$.

Beweis: A) Sei zunächst $\mathfrak{R}$ algebraisch. Dann ist das Ideal $\mathfrak{a}' = \mathfrak{R}(\bar{k})\cdot\mathfrak{a} \subset \mathfrak{R}(\bar{k})$ endlich erzeugt, und wir wählen ein Erzeugendensystem $\{a_1, a_2, \ldots, a_n\}$ von Elementen aus $\mathfrak{a}$. Sei dann $\mathfrak{A}$ das Bild des Homomorphismus $\varphi: \mathfrak{R}^n \longrightarrow \mathfrak{R}$ gegeben durch $\varphi(r_1, .., r_n) = \sum_{i=1}^{n} r_i a_i$. Nach Konstruktion ist $\mathfrak{A}$ ein k-Ideal von $\mathfrak{R}$ mit $\mathfrak{A}(\bar{k}) = \mathfrak{a}'$, und es gilt daher $\mathfrak{A}(k) = \mathfrak{a}' \cap \mathfrak{R}(k) \supset \mathfrak{a}$. Zudem ist $\mathfrak{A}$ in jedem Ideal $\mathfrak{B}$ mit $\mathfrak{B}(k) \supset \mathfrak{a}$ und es gilt daher $\mathfrak{A} = \mathfrak{I}(\mathfrak{a})$. Nach [2] III,§3, Théorème 5.6 ist $\mathfrak{A}$ die assoziierte k-Garbe zum Funktorbild I' von φ, welches durch $I'(R) = \sum_{i=1}^{n} \mathfrak{R}(R)\cdot a_i$ gegeben ist, und die Behauptung (3) folgt aus $I' \subseteq I(\mathfrak{a}) \subseteq \mathfrak{I}(\mathfrak{a}) = \widetilde{I'}$.

Ist nun $\mathfrak{b} \subset \mathfrak{R}(k)$ ein anderes Ideal, so gilt offensichtlich $\mathfrak{I}(\mathfrak{a}\cdot\mathfrak{b}) \subseteq \mathfrak{I}(\mathfrak{a})\cdot\mathfrak{I}(\mathfrak{b})$. Nach Definition von $\mathfrak{I}(\mathfrak{a}\cdot\mathfrak{b})$ faktorisiert der Morphismus $\rho: I(\mathfrak{a}) \times I(\mathfrak{b}) \longrightarrow \mathfrak{R}$ von k-Funktoren, gegeben durch das Multiplizieren, über $\mathfrak{I}(\mathfrak{a}\cdot\mathfrak{b})$ und induziert daher einen Morphismus $: \widetilde{I(\mathfrak{a})} \times \widetilde{I(\mathfrak{b})} \longrightarrow \mathfrak{I}(\mathfrak{a}\cdot\mathfrak{b})$ der assoziierten Garben. Das Ideal $\mathfrak{I}(\mathfrak{a}\cdot\mathfrak{b})$ enthält daher den Produktfunktor $P : R \longmapsto \mathfrak{I}(\mathfrak{a})(R)\cdot\mathfrak{I}(\mathfrak{b})(R)$, und daher auch das Ideal $\mathfrak{I}(\mathfrak{a})\cdot\mathfrak{I}(\mathfrak{b})$, woraus die Behauptung (1) folgt.

Für den Beweis von (2) können wir $\mathfrak{R}$ lokal voraussetzen (6.4). Dann ist $\mathfrak{a}$ nilpotent und daher $\mathfrak{I}(\mathfrak{a})(\bar{k}) = \mathfrak{a}\cdot\mathfrak{R}(\bar{k})$ ein echtes Ideal.

B) Im allgemeinen Fall sei $\{q_\alpha: \mathfrak{R} \longrightarrow \mathfrak{R}_\alpha\}_A$ das System der algebraischen Restklassenringe von $\mathfrak{R}$. Für jedes abgeschlossene Ideal $\mathfrak{a} \subset \mathfrak{R}(k)$ bezeichnen wir mit $\mathfrak{a}_\alpha \subset \mathfrak{R}_\alpha(k)$ das vom Bild von $\mathfrak{a}$ in $\mathfrak{R}_\alpha(k)$ erzeugte Ideal. Dann induziert der Isomorphismus

$\mathcal{R} \xrightarrow{\sim} \varprojlim \mathcal{R}_\alpha$ einen Isomorphismus $\mathcal{J}(\mathfrak{a}) \xrightarrow{\sim} \varprojlim \mathcal{J}(\mathfrak{a}_\alpha)$: $\mathfrak{A} = \varprojlim \mathcal{J}(\mathfrak{a}_\alpha) \hookrightarrow \varprojlim \mathcal{R}_\alpha \cong \mathcal{R}$ ist ein k-Ideal von $\mathcal{R}$ mit $\mathfrak{A}(k) \xrightarrow{\sim} \varprojlim \mathfrak{a}_\alpha$, und wir haben daher einen induzierten Homomorphismus $\mathcal{J}(\mathfrak{a}) \hookrightarrow \mathfrak{A}$; andererseits enthält das Bild $\mathcal{J}_\alpha \subset \mathcal{R}_\alpha$ von $\mathcal{J}$ unter q_α das Ideal $\mathcal{J}(\mathfrak{a}_\alpha)$, wegen $\mathcal{J}_\alpha(k) \supset \mathfrak{a}_\alpha$, woraus $\mathcal{J}_\alpha = \mathcal{J}(\mathfrak{a}_\alpha)$ folgt und damit die Behauptung. Ist $\mathfrak{a}$ nun ein echtes abgeschlossenes Ideal von $\mathcal{R}(k)$, so ist für ein geeignetes $\alpha \in A$ auch $\mathfrak{a}_\alpha$ ein echtes Ideal von $\mathcal{R}_\alpha(k)$ und die Behauptung (2) ergibt sich daher aus dem algebraischen Fall A).

Ist $\mathfrak{b}$ ein anderes abgeschlossenes Ideal von $\mathcal{R}(k)$ und definieren wir die Ideale $\mathfrak{b}_\alpha \subset \mathcal{R}_\alpha(k)$ entsprechend wie oben, so gilt offensichtlich $\varprojlim \mathcal{J}(\mathfrak{a}_\alpha) \cdot \varprojlim \mathcal{J}(\mathfrak{b}_\alpha) = \varprojlim \mathcal{J}(\mathfrak{a}_\alpha \cdot \mathfrak{b}_\alpha)$, woraus mit Hilfe von A) die Behauptung (1) folgt.

<u>Bemerkung</u>: Ist $\mathcal{R}$ ein EL-Ring, so kann man zeigen, dass die Behauptung (3) des obigen Lemmas richtig bleibt auch im nicht algebraischen Falle, wenn man die <u>assoziierte harte Garbe</u> $\widetilde{\widetilde{I(\mathfrak{a})}}$ verwendet (vgl. [2] V, §4, 2.7). Möglicherweise gilt dies ganz allgemein.

9.2 Die Ideale $\mathfrak{M} = \mathcal{J}(\mathfrak{m})$, wobei $\mathfrak{m}$ die <u>abgeschlossenen Maximalideale von</u> $\mathcal{R}(k)$ durchläuft, nennen wir im folgenden <u>die Maximalideale von</u> $\mathcal{R}$. Nach 6.4 entsprechen diese eineindeutig den <u>minimalen Idempotenten</u> $e \in \operatorname{Idem} \mathcal{R}(k)$. Ist $\mathfrak{M}$ ein Maximalideal von $\mathcal{R}$ und $e \in \operatorname{Idem} \mathcal{R}(k)$ die zugehörige minimale Idempotente, so ist der zugehörige lokale k-Ring $\mathcal{R}_e$ gegeben durch $\mathfrak{R}_e(R) = e\cdot\mathfrak{R}(R)$ für $R \in \underline{M}_k$ in kanonischer Weise isomorph zur $\mathfrak{m}$-adischen Komplettierung $\mathfrak{R}_{\mathfrak{m}}$ von $\mathfrak{R}$, welche durch den projektiven Limes des Systems

$$\cdots \longrightarrow \mathfrak{R}/\mathfrak{m}^{n+1} \longrightarrow \mathfrak{R}/\mathfrak{m}^{n} \longrightarrow \mathfrak{R}/\mathfrak{m}^{n-1}$$

gegeben ist (Nach Satz 6.4 ist für jeden lokalen k-Ring $\mathfrak{R}$ mit Maximalideal $\mathfrak{m}$ das Ideal $\bigcap_{n=0}^{\infty} \mathfrak{m}^n = 0$!). Die Idempotentenzerlegung eines k-Ringes $\mathfrak{R}$ (6.4 Folgerung 2) kann also auch folgendermassen dargestellt werden: Die kanonischen Projektionen $q_{\mathfrak{m}}: \mathfrak{R} \longrightarrow \mathfrak{R}_{\mathfrak{m}}$ auf die $\mathfrak{m}$-adischen Komplettierungen von $\mathfrak{R}$ induzieren einen Isomorphismus

$$q : \mathfrak{R} \xrightarrow{\sim} \prod \mathfrak{R}_{\mathfrak{m}} .$$

9.3 Ist $\mathfrak{R}$ ein proglatter k-Ring und $\mathfrak{a} \subset \mathfrak{R}(k)$ ein abgeschlossenes Ideal, so ist das Ideal $\mathfrak{J}(\mathfrak{a})$ ebenfalls proglatt (vgl. Konstruktion von $\mathfrak{J}(\mathfrak{a})$ im Beweis von Lemma 9.1). Aus Satz 7.10 (1) erhalten wir daher folgendes Resultat:

Ist $\mathfrak{R}$ ein proglatter EL-Ring, $\mathfrak{m} \subset \mathfrak{R}$ ein Maximalideal, so ist $\mathfrak{R}/\mathfrak{m}$ proglatt und $(\mathfrak{R}/\mathfrak{m})(k) = \mathfrak{R}(k)/\mathfrak{m}(k)$ ein Körper. Wir nennen $\mathfrak{R}/\mathfrak{m}$ den k-Restklassenkörper von $\mathfrak{R}$ nach dem Maximalideal $\mathfrak{m}$, und wollen als nächstes die Struktur dieser Restklassenkörper bestimmen.

Ist K/k eine endliche Körpererweiterung, so ist K_a der k-Ring gegeben durch $K_a(R) = R \otimes_k R$ (6.1), und wir bezeichnen mit $\hat{K}_a$ den projektiven Limes des Systems

$$\cdots \longrightarrow (K^{p^{-n-1}})_a \xrightarrow{?^p} (K^{p^{-n}})_a \xrightarrow{?^p} \cdots\cdots \xrightarrow{?^p} (K^{p^{-1}})_a \xrightarrow{?^p} K_a$$

Wir erhalten damit einen proglatten k-Ring $\hat{K}_a$, dessen rationale Punkte einen Körper bilden (isomorph zur perfekten Hülle von K). Wir haben zum Beispiel in kanonischer Weise $\hat{\mathcal{C}}_{1k} = \hat{k}_a$ (vgl. 3.1).

Ist k perfekt, so ist $\hat{K}_a = \overset{\infty}{K}_a$, wobei wir wie früher mit $\overset{\infty}{K}_a$ den projektiven Limes des Systems

$$\cdots \xrightarrow{F} K_a \xrightarrow{F} K_a \xrightarrow{F} K_a$$

bezeichnen (vgl. Bemerkung 3.1).

Satz: Sei $\mathfrak{R}$ ein proglatter EL-Ring und $\mathfrak{R}(k)$ ein Körper.

1) Ist $\mathfrak{R}$ algebraisch, so gibt es eine endliche Körpererweiterung K/k und einen Isomorphismus $\mathfrak{R} \xrightarrow{\sim} K_a$.

2) Ist $\mathfrak{R}$ nicht algebraisch, so gibt es eine endliche Körpererweiterung L/k und einen Isomorphismus $\mathfrak{R} \xrightarrow{\sim} \hat{L}_a$.

Beweis: 1) Nach Satz 6.9 besitzt $\mathfrak{R}$ die Struktur einer k_a-Algebra, und wir können annehmen, dass der Strukturmorphismus $\mu : k_a \longrightarrow \mathfrak{R}$ ein Monomorphismus ist. Dann ist $K = \mathfrak{R}(k)$ eine endliche Körpererweiterung von k und wir erhalten einen k-Ringhomomorphismus $\varphi : K_a \longrightarrow \mathfrak{R}$ mit $\varphi(k) = \mathrm{Id} : K \longrightarrow \mathfrak{R}(k)$ und mit $\varphi | k_a = \mu : k_a \longrightarrow \mathfrak{R}$; insbesondere ist φ ein Epimorphismus in Ac_k (Satz 7.10 (2)). Man sieht leicht, dass der Frobeniuskern ${}_F(K_a)$ ein einfaches Ideal in K_a ist (betrachte das Endomorphismenschema der k-Gruppe ${}_F(K_a) \xrightarrow{\sim} {}_p\alpha_k^n$, $n = \dim_k K$). Wäre daher $\mathrm{Ker}\,\varphi \neq 0$, so wäre auch $\mathrm{Ker}\,\varphi \cap {}_F(K_a) \neq 0$ und folglich ${}_F(K_a) \subset \mathrm{Ker}\,\varphi$. Hieraus folgt aber ${}_F(k_a) \subset \mathrm{Ker}\,\varphi$, dh. $\mu = \varphi | k_a$ wäre kein Monomorphismus, im Widerspruch zur Konstruktion.

2) Sei $\mathcal{A}$ nicht algebraisch. Wir wollen zunächst zeigen, dass sich $\mathcal{A}$ als projektiver Limes eines gefilterten Systems der Gestalt $((K_\alpha)_a)$ darstellen lässt mit K_α/k endliche Körpererweiterung. Sei hierzu $\varphi : \mathcal{A} \longrightarrow \mathcal{Y}$ ein algebraischer Restklassenring von $\mathcal{A}$ und $K' \subset \mathcal{Y}(k)$ das Bild von $\mathcal{A}(k)$ unter $\varphi(k)$. Dann ist $\dim_{K'} \mathcal{Y}(k) < \infty$ nach Satz 7.1 und es gibt daher einen algebraischen Restklassenring $\varphi' : \mathcal{A} \longrightarrow \mathcal{Y}'$ und einen Ringhomomorphismus $\psi : \mathcal{Y}' \longrightarrow \mathcal{Y}$ mit $\varphi = \psi \circ \varphi'$ und der Eigenschaft, dass K' genau das Bild von $\mathcal{Y}'(k)$ unter $\psi(k)$ ist. Insbesondere ist dann $(\operatorname{Ker} \psi)(k) = \mathfrak{m}$ ein Maximalideal von $\mathcal{Y}'(k)$ und folglich $\mathfrak{M} = \mathfrak{I}(\mathfrak{m}) \subset \operatorname{Ker} \psi$ (9.1). Wir erhalten daher eine Faktorisierung $\psi : \mathcal{Y}' \longrightarrow \mathcal{Y}'/\mathfrak{M} \longrightarrow \mathcal{Y}$ und nach 1) gibt es eine endliche Körpererweiterung K/k und einen Isomorphismus $\mathcal{Y}'/\mathfrak{M} \xrightarrow{\sim} K_a$.

Es gibt daher ein projektives gefiltertes System $((K_\alpha)_a)$ von k-Ringen, K_α/k endliche Körpererweiterungen, und einen Isomorphismus $\mathcal{A} \xrightarrow{\sim} \varprojlim_\alpha (K_\alpha)_a$. Dabei können wir annehmen, dass die Projektionen $pr_\alpha : \mathcal{A} \longrightarrow (K_\alpha)_a$ Epimorphismen in $\underline{Ac}_k$ sind und dass die $pr_\alpha(k)$ bijektiv sind (man verwende die EL-Eigenschaft von $\mathcal{A}$ und gehe nötigenfalls zu einem geeigneten cofinalen System über). Die Morphismen $\rho_{\alpha\beta} : (K_\alpha)_a \longrightarrow (K_\beta)_a$ sind daher alle bijektiv auf den rationalen Punkten und wir erhalten mit dem Lemma 9.4 ein kommutatives Diagramm

$$\begin{array}{ccc} (K_\beta^{p^{-n}})_a & \xrightarrow{\sim} & (K_\alpha)_a \\ & \searrow{\scriptstyle ?^{p^n}} & \downarrow{\scriptstyle \rho_{\alpha\beta}} \\ & & (K_\beta)_a \end{array}$$

für ein geeignetes $n \geq 0$, woraus die Behauptung folgt.

Korollar: (a) Jeder k-Ringhomomorphismus $\varphi : \hat{K}_a \longrightarrow \hat{L}_a$ mit K/k und L/k endliche Körpererweiterung, ist ein Monomorphismus.

(b) Ist $g : \hat{K}_a \longrightarrow \mathfrak{g}$ ein Epimorphismus von $\hat{K}_a$-Moduln mit $g(k)$ bijektiv und ist $\mathfrak{g}$ nicht algebraisch, so ist g ein Isomorphismus.

Beweis: (a) Zu jedem $n \geq 0$ gibt es ein $n' \geq 0$ und ein kommutatives Diagramm

$$\begin{array}{ccc} \hat{K}_a & \xrightarrow{\varphi} & \hat{L}_a \\ \downarrow{\scriptstyle pr} & & \downarrow{\scriptstyle pr} \\ (K^{p^{-n'}})_a & \xrightarrow{\varphi_n} & (L^{p^{-n}})_a \end{array}$$

Nach Lemma 9.4 ist $\varphi_n(k) : K^{p^{-n'}} \longrightarrow L^{p^{-n}}$ semilinear und es gibt daher ein $m \geq 0$ und eine Faktorisierung

$$\varphi_n(k) : (K^{p^{-n'}})_a \overset{\varphi_n'}{\hookrightarrow} (L^{p^{-n-m}})_a \xrightarrow{?^{p^m}} (L^{p^{-n}})_a$$

mit einem Monomorphismus φ_n'. Die Behauptung folgt nun durch Uebergang zum projektiven Limes.

(b) Mit Hilfe des Homomorphismus g können wir $\mathfrak{g}$ als (proglatten) EL-Ring auffassen. Da $\mathfrak{g}(k)$ ein Körper ist und nicht algebraisch ist, erhalten wir nach obigem Satz einen Isomorphismus $\mathfrak{g} \xrightarrow{\sim} \hat{L}_a$ und die Behauptung folgt aus (a).

9.4 Sind A,B zwei kommutative artinsche k-Algebren, so sind die k-Ring A_a und B_a glatt und als Gruppen isomorph zu einem Produkt von α_k. Insbesondere ist jeder k-Ringhomomorphismus $\varphi : A_a \longrightarrow B_a$ durch $\varphi(k) : A \longrightarrow B$ eindeutig bestimmt, falls k unendlich ist.

Wir nennen nun einen Ringhomomorphismus $g : A \longrightarrow B$ <u>semilinear</u>, wenn es ein $n \geq 0$ gibt mit $g(x \cdot a) = x^{p^n} \cdot g(a)$ für alle $x \in k$ und alle $a \in A$; ein solcher induziert einen k-Ringhomomorphismus $\varphi : A_a \longrightarrow B_a$ mit $\varphi(k) = g$: $\varphi(R) : R \otimes_k A \to R \otimes_k B$ ist gegeben durch $r \otimes a \longmapsto r^{p^n} \otimes g(a)$ für $R \in \underline{M}_k$, $r \in R$ und $a \in A$.

<u>Lemma: Sind A und B zwei kommutative artinsche lokale k-Algebren, so induziert die Abbildung</u>

$$?(k) \quad : \quad \underline{Ac}_k(A_a, B_a) \longrightarrow \underline{Ab}(A, B)$$

<u>eine Bijektion zwischen den k-Ringhomomorphismen</u> $\varphi : A_a \longrightarrow B_a$ <u>und den semilinearen Ringhomomorphismen</u> $g : A \longrightarrow B$.

Beweis: Wir haben die kanonischen Inklusionen $k_a \hookrightarrow A_a$ und $k_a \hookrightarrow B_a$ gegeben durch die k-Algebrastrukturen auf A und B, und es genügt offensichtlich, folgende Aussage zu beweisen:

"Jeder k-Ringhomomorphismus $\varphi : k_a \longrightarrow B_a$ faktorisiert über die kanonische Inklusion $k_a \overset{i}{\hookrightarrow} B_a$ ".

Sei hierzu $C \subset B$ die grösste separable Unteralgebra . Dann ist $C_a{}^* = (B_a{}^*)^m$ = multiplikativer Bestandteil von $B_a{}^*$ und der Ringhomomorphismus φ faktorisiert daher über $C_a \subset B_a$. Wir können also annehmen, dass B eine separable Körpererweiterung von k ist. Ist dann $D \subset B_a$ der Durchschnitt von $\operatorname{Im} \varphi$ und k_a, so enthält $D(k)$ den separablen Abschluss von $\mathbb{F}_p$ in B. Durch eine geeignete

Grundkörpererweiterung k'/k können wir immer erreichen, dass dieser separable Abschluss unendlich ist (man wähle k'/k linear disjunkt zu B/k und genügend gross). Dann ist aber $D = k_a = \operatorname{Im} \varphi$, was zu zeigen war.

9.5 <u>Uebungsaufgaben</u>:

1) Sind K/k und L/k endliche Körpererweiterungen, so ist jeder k-Ringhomomorphismus $\varphi : \hat{K}_a \longrightarrow \hat{L}_a$ induziert durch einen k-Algebrenhomomorphismus $f : K^{p^{-n}} \longrightarrow L^{p^{-n-s}}$ mit $s \in \mathbb{Z}$ und n genügend gross.

2) Ist K/k eine endliche Körpererweiterung und $\operatorname{End} \hat{K}_a$ die Halbgruppe der k-Ringendomorphismen von $\hat{K}_a$, so gilt

$$\operatorname{End} \hat{K}_a \xrightarrow{\sim} \begin{cases} \operatorname{Aut}(K/k) \oplus \mathbb{N} & \text{falls } k \text{ nicht perfekt} \\ \operatorname{Aut}(K/k) \oplus \mathbb{Z} & \text{falls } k \text{ perfekt} \end{cases}$$

§10. Charakterisierung der EL-Ringe als $\mathfrak{C}_k$-Algebren

Wir zeigen in diesem Paragraphen, dass die EL-Ringe unter den k-Ringen dadurch ausgezeichnet sind, dass es auf ihnen die Struktur einer $\mathfrak{C}_k$-Algebra gibt. Hierzu beweisen wir eine universelle Eigenschaft des k-Ringes $\mathfrak{C}_k$ bezüglich der lokalen EL-Ringe entsprechend der universellen Eigenschaft des Cohenringes $\mathfrak{C}(k)$ in §3, 3.7. Es zeigt sich auch noch, dass ein (nicht algebraischer) proglatter EL-Ring genau dann eine $\mathfrak{W}_k$-Algebrastruktur hat, wenn alle seine Restklassenkörper algebraisch sind.

Im ganzen Paragraphen ist k ein Körper mit p-Basis $\mathfrak{B}$ (2.2).

10.1 Mit Hilfe des folgenden Satzes lassen sich viele Probleme aus der allgemeinen Theorie der k-Ringe auf das Studium der proglatten k-Ringe zurückführen.

Satz: Zu jedem zusammenhängenden k-Ring $\mathfrak{R}$ gibt es einen eindeutig bestimmten proglatten zusammenhängenden Unterring $\mathfrak{R}^g \subset \mathfrak{R}$ mit $\mathfrak{R}^g(k) = \mathfrak{R}(k)$; dieser hat folgende Eigenschaften:

(1) Ist $\mathfrak{R}' \subset \mathfrak{R}$ ein zusammenhängender Unterring mit $\mathfrak{R}'(k) = \mathfrak{R}(k)$, so ist $\mathfrak{R}^g \subset \mathfrak{R}'$.

(2) Jeder Ringhomomorphismus $\varphi : \mathfrak{R} \longrightarrow \mathfrak{S}$ induziert einen Ringhomomorphismus $\varphi^g : \mathfrak{R}^g \longrightarrow \mathfrak{S}^g$; insbesondere enthält $\mathfrak{R}^g$ alle zusammenhängenden proglatten Unterringe von $\mathfrak{R}$.

(3) Ist K/k eine separabel algebraische Körpererweiterung, so ist $\mathfrak{R}^g \otimes_k K = (\mathfrak{R} \otimes_k K)^g$.

Beweis: Ist k perfekt, so ist $\mathfrak{R}_{red} \subset \mathfrak{R}$ ein proglatter Unterring ([2] II, §5, Corollaire 2.3), und es ist einfach zu sehen, dass $\mathfrak{R}_{red}$ die im Satz verlangten Eigenschaften hat. Wir können daher voraussetzen, dass k unendlich viele Elemente hat.

a) Sei zunächst $\mathfrak{R}$ algebraisch. Dann gibt es auf $\mathfrak{R}$ eine $\mathfrak{W}_k$-Algebrastruktur gegeben durch einen Ringhomomorphismus $\mu : \mathfrak{W}_k \to \mathfrak{R}$ nach Satz 6. . Der Unterring $\mathfrak{R}^g = \mathrm{Im}(\varphi_{\mathfrak{R}} : G_{\mathfrak{W}_k}(\mathfrak{R}(k)) \to \mathfrak{R}) \subset \mathfrak{R}$ ist dann glatt und hat die gleichen rationalen Punkte wie $\mathfrak{R}$ (§7.). Ist nun $\mathfrak{R}' \subset \mathfrak{R}$ ein beliebiger Unterring (nicht notwendig zusammenhängend) mit $\mathfrak{R}'(k) = \mathfrak{R}(k)$, so ist $W' = \mu^{-1}(\mathfrak{R}') \subset \mathfrak{W}_k$ ein Unterring mit $W'(k) = \mathfrak{W}_k(k)$. Da k unendlich ist, folgt hieraus $W' = \mathfrak{W}_k$ und der Strukturmorphismus μ faktorisiert folglich über $\mathfrak{R}'$. Nach Konstruktion ist daher $\mathfrak{R}^g$ in $\mathfrak{R}'$ enthalten und es gilt

$$\mathfrak{R}^g = \bigcap_{\substack{\mathfrak{R}' \subset \mathfrak{R} \\ \mathfrak{R}'(k) = \mathfrak{R}(k)}} \mathfrak{R}'$$

Aus dieser (funktoriellen) Darstellung erhält man sofort die Eindeutigkeit von $\mathfrak{R}^g$ und die Eigenschaften (1), (2) und (3).

b) Für einen beliebigen zusammenhängenden k-Ring $\mathfrak{R}$ haben wir eine Darstellung $\mathfrak{R} = \varprojlim \mathfrak{R}_\alpha$, wobei $\mathfrak{R}_\alpha$ die algebraischen Restklassenringe von $\mathfrak{R}$ durchläuft. Dann ist nach a) $\mathfrak{R}^g = \varprojlim \mathfrak{R}_\alpha^g$ ein zusammenhängender proglatter Unterring von $\mathfrak{R}$ mit $\mathfrak{R}^g(k) = \mathfrak{R}(k)$. Ist nun $\mathfrak{R}' \subset \mathfrak{R}$ ein zusammenhängender Unterring, so enthält auch $\mathfrak{R}'$ einen proglatten Unterring $\mathfrak{R}'^g$ mit $\mathfrak{R}'^g(k) = \mathfrak{R}'(k)$. Die Bilder von $\mathfrak{R}'^g$ in den $\mathfrak{R}_\alpha$ unter den kanonischen Projektionen sind dann zusammenhängend und glatt und folglich nach a) in $\mathfrak{R}_\alpha^g$ enthalten. Es ist daher $\mathfrak{R}'^g \subset \mathfrak{R}^g$ nach Konstruktion von $\mathfrak{R}^g$. Gilt nun zudem

$\mathfrak{R}'(k) = \mathfrak{R}(k)$ und damit auch $\mathfrak{R}'^{g}(k) = \mathfrak{R}^{g}(k)$, so folgt aus Satz 7.10 (2) $\mathfrak{R}'^{g} = \mathfrak{R}^{g}$ und daher $\mathfrak{R}^{g} \subset \mathfrak{R}'$. Hieraus erhält man sofort die Eindeutigkeit von $\mathfrak{R}^{g}$ und die Eigenschaften (1), (2) und (3).

Bemerkung: Der obige Satz gilt offensichtlich für beliebige Körper k. Es ist auch leicht zu sehen, dass der Unterring $\mathfrak{R}^{g}$ auch alle nicht zusammenhängenden proglatten Unterringe von $\mathfrak{R}$ enthält.

10.2 Ist $\mathfrak{R}$ ein proglatter lokaler EL-Ring, $\mathfrak{M} \subset \mathfrak{R}$ das Maximalideal und $\mathfrak{K} = \mathfrak{R}/\mathfrak{M}$ der Restklassenkörper (9.3), so bezeichnen wir mit $q = q_{\mathfrak{R}} : \mathfrak{R} \longrightarrow \mathfrak{K}$ die kanonische Projektion mit Ker $q_{\mathfrak{R}} = \mathfrak{M}$. Ist zum Beispiel $\mathfrak{R} = \mathcal{C}_k$, so ist $\mathfrak{M} = \mathfrak{v} = p \cdot \mathcal{C}_k$ das Maximalideal und $q = \hat{\pi}_1 : \mathcal{C}_k \longrightarrow \hat{k}_a$ die kanonische Projektion.

Der k-Ring $\mathcal{C}_k$ hat nun eine universelle Eigenschaft bezüglich der lokalen EL-Ringe entsprechend der universellen Eigenschaft 3.7 des Cohenringes $\mathcal{C}_k(k)$.

Satz (universelle Eigenschaft von $\mathcal{C}_k$): Ist $\mathfrak{R}$ ein proglatter lokaler EL-Ring mir Restklassenkörper $\mathfrak{K}$, so gibt es zu jedem k-Ringhomomorphismus $\varphi : \hat{k}_a \longrightarrow \mathfrak{K}$ und jedem Urbildsystem $\{ r_b \in \mathfrak{R}(k) \mid b \in \mathfrak{B} , \ q_{\mathfrak{R}}(r_b) = \varphi(b) \}$ von $\varphi(\mathfrak{B}) \subset \mathfrak{K}(k)$ einen eindeutig bestimmten k-Ringhomomorphismus

$$\phi : \mathcal{C}_k \longrightarrow \mathfrak{R}$$

mit $q_{\mathfrak{R}} \circ \phi = \varphi \circ \hat{\pi}_1$ und mit $\phi([b]) = r_b$ für $b \in \mathfrak{B}$.

Beweis: Da jeder Ringhomomorphismus $\phi : \mathcal{C}_k \longrightarrow \mathcal{R}$ durch $\phi(k)$ eindeutig festgelegt ist, folgt die Eindeutigkeitsaussage bereits aus der universellen Eigenschaft 3.7 des Cohenringes $\mathcal{C}_k(k)$.
Betrachten wir nun das Faserprodukt $\mathcal{R}' = \mathcal{R} \times_{\mathcal{K}} \hat{k}_a$ (gebildet mit den Homomorphismen q und φ), so ist $\mathcal{R}'$ wieder ein k-Ring und wir haben die exakte Sequenz

$$0 \longrightarrow \mathfrak{M} \longrightarrow \mathcal{R}' \xrightarrow{q'} \hat{k}_a \longrightarrow 0 .$$

Insbesondere ist $\mathcal{R}'$ ein proglatter lokaler EL-Ring, und die Behauptung ergibt sich durch Uebergang zum projektiven Limes aus dem folgenden Satz 10.3 (man betrachte die Komposition $\mu : \mathcal{R}' \xrightarrow{q'} \hat{k}_a \xrightarrow{\text{kan.}} k_a$).

10.3 Satz: Ist $\mathcal{R}$ ein algebraischer lokaler k-Ring und $\mu : \mathcal{R} \longrightarrow k_a$ ein Ringhomomorphismus mit $\mu(k)$ surjektiv, so gibt es zu jedem Urbildsystem $\{r_b \in \mathcal{R}(k) \mid \mu(r_b) = b,\ b \in \mathcal{B}\}$ der p-Basis $\mathcal{B}$ einen eindeutig bestimmten Ringhomomorphismus $\phi : \mathcal{C}_k \longrightarrow \mathcal{R}$ mit $\mu \circ \phi = \pi_1 : \mathcal{C}_k \longrightarrow k_a$ und $\phi([b]) = r_b$, $b \in \mathcal{B}$.

Beweis: Die Eindeutigkeit folgt wie oben aus der universellen Eigenschaft 3.7 , und wir haben nur die Existenz nachzuweisen. Hierzu können wir nach Satz 10.1 den k-Ring $\mathcal{R}$ glatt voraussetzen. Mit Hilfe der $r_b \in \mathcal{R}(k)$ betrachten wir die Ringe $\mathcal{R}(R)$, $R \in \underline{M}_k$, als $\mathbb{Z}[\mathcal{B}]$ -Algebren und erhalten einen wohldefinierten k-Ring $\mathcal{C}^{\mathcal{B}}_{n+1} \circ \mathcal{R}$ für jedes $n \geq 0$ ($\mathcal{C}^{\mathcal{B}}_{n+1}$ ist als Schema isomorph zu $\alpha^{I(n)}_{\mathbb{Z}[\mathcal{B}]}$ und $\mathcal{C}^{\mathcal{B}}_{n+1} \circ \mathcal{R}$ daher isomorph zum k-Schema $\mathcal{R}^{I(n)}$ und folglich affin und zusammenhängend).

Nach 3.7 gibt es für jedes $n \geq 0$ einen k-Ringhomomorphismus

$$\psi_{n+1} \; : \; \mathcal{C}^{\mathcal{B}}_{n+1} \circ \mathcal{R} \longrightarrow \mathcal{R}$$

gegeben durch

$$\psi_{n+1}(R)((x_{r\alpha} \mid (r,\alpha) \in I(n))) = \sum_{(r,\alpha)\in I(n)} p^{r} \cdot x_{r\alpha}^{p^{n-r}} \cdot r^{p^{n-r} \cdot \alpha}$$

für $R \in \underline{M}_k$, $x_{r\alpha} \in \mathcal{R}(R)$, wobei $r^{\gamma} = \prod_{b \in \mathcal{B}} r_b^{\gamma_b}$ ist für $\gamma \in I$

(Bezeichnungen von §2, 2.1 ff.).

Aus dem folgenden Lemma 10.4 erhalten wir ein $n > 0$ mit der Eigenschaft, dass für alle $R \in \underline{M}_k$ und alle $x \in \operatorname{Ker} \mu(k)$ gilt:

$$p^{t} \cdot x^{p^{n-t}} = 0 \quad \text{für} \quad t = 0,1,\ldots,n. \qquad (*)$$

Hieraus folgt aber, dass der Homomorphismus $\psi_{n+1} : \mathcal{C}^{\mathcal{B}}_{n+1} \circ \mathcal{R} \longrightarrow \mathcal{R}$ über den durch $\mu : \mathcal{R} \longrightarrow k_a$ induzierten Ringhomomorphismus

$$\mu_{n+1} : \mathcal{C}^{\mathcal{B}}_{n+1} \circ \mathcal{R} \longrightarrow \mathcal{C}_{n+1\,k}$$

faktorisiert: μ_{n+1} ist ein Epimorphismus in $\underline{Ac}_k$ und für ein $(x_{r\alpha})_{I(n)} \in \operatorname{Ker} \mu_{n+1}(R) \subset \mathcal{C}^{\mathcal{B}}_{n+1}(\mathcal{R}(R))$ gilt offensichtlich $x_{r\alpha} \in \operatorname{Ker} \mu(R)$ und daher nach (*)

$$\psi_{n+1}((x_{r\alpha})) = \sum_{(r,\alpha)\in I(n)} p^{r} \cdot x_{r}^{p^{n-r}} \cdot r^{p^{n-r}\alpha} = 0$$

also die Behauptung. Wir erhalten damit ein kommutatives Diagramm

$$\begin{array}{ccc} \mathcal{C}_{n+1} \circ \mathcal{R} & \xrightarrow{\quad \psi_{n+1} \quad} & \mathcal{R} \\ & {\scriptstyle \mu_{n+1}} \searrow \qquad \nearrow {\scriptstyle \varphi_{n+1}} & \\ & \mathcal{C}_{n+1\,k} & \end{array}$$

und es ergibt sich aus der Konstruktion, dass die Komposition $\varphi : \mathcal{C}_k \xrightarrow{\pi_{n+1}} \mathcal{C}_{n+1\,k} \xrightarrow{\varphi_{n+1}} \mathcal{R}$ die verlangten Eigenschaften hat.

10.4 <u>Lemma</u>: <u>Ist</u> $\mathfrak{R}$ <u>ein algebraischer glatter lokaler k-Ring</u> <u>und</u> $\mu : \mathfrak{R} \longrightarrow k_a$ <u>ein Ringhomomorphismus mit</u> $\mu(k)$ <u>surjektiv</u>, <u>so gibt es ein</u> $n > 0$ <u>mit der Eigenschaft</u>, <u>dass für alle</u> $R \in \underline{M}_k$ <u>und</u> <u>alle</u> $x \in \operatorname{Ker} \mu(k)$ <u>gilt</u>:

$$p^t \cdot x^{p^{n-t}} = 0 \quad \underline{\text{für}} \quad t = 0,1,\ldots,n.$$

<u>Beweis</u>: Ist $\mathfrak{m} \subset \mathfrak{R}$ das (glatte) Maximalideal und $\mathfrak{K} = \mathfrak{R}/\mathfrak{m}$ der Restklassenkörper, so erhalten wir einen induzierten Homomorphismus $\bar{\mu} : \mathfrak{K} \longrightarrow k_a$ mit $\bar{\mu}(k)$ bijektiv. Nach 9.3 ist daher $\mathfrak{K} \xrightarrow{\sim} (k^{p^{-m}})_a$ für ein geeignetes $m \geq 0$ und μ die Komposition

$$\mathfrak{R} \xrightarrow{q} (k^{p^{-m}})_a \xrightarrow{?^{p^m}} k_a$$

Nach Lemma 9.1 (1) ist $\mathfrak{m}^s = \mathfrak{I}(\mathfrak{m}^s) = 0$ für genügend grosses s und es gilt daher für jedes $R \in \underline{M}_k$ und jedes $y \in \mathfrak{m}(R)$ erst recht

$$p^t \cdot y^{p^{s-t}} = 0 \quad \text{für} \quad t = 0,1,\ldots,s.$$

Setzen wir nun $n = s + m$, so erhalten wir für ein $x \in \operatorname{Ker} \mu(R)$ zunächst $q(x)^{p^m} = 0$, also $x^{p^m} \in \mathfrak{m}$ und folglich

$$p^t \cdot x^{p^{m+s-t}} = 0 \quad \text{für} \quad t = 0,1,\ldots,s$$

und für $t \geq s$ gilt bereits $p^t = 0$, womit die Behauptung bewiesen ist.

10.5 <u>Korollar</u>: <u>Sei</u> $\mathfrak{R}$ <u>ein lokaler EL-Ring und</u> $\mu : \mathfrak{R} \longrightarrow k_a$ <u>ein Ringhomomorphismus mit</u> $\mu(k)$ <u>surjektiv</u>, <u>Dann gibt es zu jedem</u> <u>Ringhomomorphismus</u> $g : \mathcal{C}_k(k) \longrightarrow \mathfrak{R}(k)$ <u>mit</u> $\mu(k) \circ g = \pi_1(k)$ <u>einen eindeutig bestimmten k-Ringhomomorphismus</u> $\phi : \mathcal{C}_k \longrightarrow \mathfrak{R}$ mit $\phi(k) = g$.

Der Beweis dieses Korollars ergibt sich unmittelbar aus dem Vorangehenden und sei dem Leser als Uebung überlassen.

10.6 Mit Hilfe der universellen Eigenschaft von $\mathcal{C}_k$ erhalten wir nun folgende Charakterisierung der EL-Ringe:

Satz: Ein k-Ring $\mathcal{A}$ ist genau dann ein EL-Ring, wenn es auf $\mathcal{A}$ die Struktur einer $\mathcal{C}_k$-Algebra gibt.

Beweis: Wir wissen schon, dass jede $\mathcal{C}_k$-Algebra ein EL-Ring ist (Beispiele 7.1 a) und b)). Für die Umkehrung können wir nach 6.4 annehmen, dass $\mathcal{A}$ lokal ist. Dann ist der Unterring $\mathcal{A}^g \subset \mathcal{A}$ ein proglatter lokaler EL-Ring (Satz 10.1) und die Behauptung folgt aus der universellen Eigenschaft 10.2.

10.7 Wir haben schon früher bemerkt, dass jeder zusammenhängende k-Ring die Struktur einer $\overset{\infty}{\omega}_k$-Algebra hat (Satz 6.10). Es stellt sich die Frage, welche zusammenhängenden k-Ringe (ausser den algebraischen) schon eine ω_k-Algebrastruktur besitzen. Nach Satz 10.1 genügt es dabei, die proglatten k-Ringe zu untersuchen, und wir erhalten folgendes Resultat:

Satz: Ein proglatter k-Ring $\mathcal{A}$ besitzt genau dann eine ω_k-Algebrastruktur, wenn $\mathcal{A}$ ein EL-Ring ist und wenn alle Restklassenkörper von $\mathcal{A}$ algebraisch sind.

Beweis: a) Sei $\mathfrak{R}$ eine proglatte $\mathfrak{W}_k$-Algebra und $\mu: \mathfrak{W}_k \longrightarrow \mathfrak{R}$ der Strukturmorphismus. Dann ist $\mathfrak{R}$ ein EL-Ring (Beispiel 7.1 a),b)), und wir erhalten für jedes Maximalideal $\mathfrak{m} \subset \mathfrak{R}$ einen induzierten Ringhomomorphismus $\mu_{\mathfrak{m}}: \mathfrak{W}_k \longrightarrow \mathfrak{R}/\mathfrak{m}$, welcher offensichtlich über die kanonische Projektion $pr: \mathfrak{W}_k \longrightarrow k_a$ faktorisiert. Es folgt aber unmittelbar aus der Konstruktion von $\hat{K}_a$, dass es keine k-Ringhomomorphismen $k_a \longrightarrow \hat{K}_a$ gibt, und folglich muss der Restklassenkörper $\mathfrak{R}/\mathfrak{m}$ algebraisch sein (Satz 9.3).

b) Für die Umkehrung genügt es wegen 6.4 Folgerung 2 (vgl. auch 9.2) einen lokalen proglatten k-Ring zu betrachten, und wir können durch Übergang zu einem Unterring annehmen, dass der Restklassenkörper isomorph zu k_a ist (Satz 9.3). Dann folgt die Behauptung unmittelbar aus Satz 6.6.

Bemerkung: Unter Verwendung von Satz 10.1 ergibt sich aus obigem Beweis, dass jeder zusammenhängende k-Ring mit algebraischen Restklassenkörpern die Struktur einer $\mathfrak{W}_k$-Algebra hat, falls der Grundkörper endlichen p-Grad hat.

§11. Unabhängigkeits- und Eindeutigkeitssätze

In diesem letzten Paragraphen zeigen wir nun noch, dass der Isomorphietyp der k-Ringe $\mathcal{C}_{nk}^{\mathcal{B}}$, $\hat{\mathcal{C}}_{nk}^{\mathcal{B}}$ und $\mathcal{C}_{k}^{\mathcal{B}}$ unabhängig von der Wahl der p-Basis $\mathcal{B}$ in k ist, und dass die Isomorphietypen der in §9. studierten k-Ringe $G_{\mathcal{C}_k}(S)$ und ihrer Einheitengruppen $U(S)$ auch nicht von der speziellen Wahl der $\mathcal{C}(k)$-Algebrastruktur auf dem vollständigen Noetherschen lokalen Ring S mit Restklassenkörper k abhängen.

Für den Fall eines nicht perfekten Grundkörpers k können wir dann noch nachweisen, dass der k-Ring $\mathcal{C}_k$ bis auf Isomorphie der einzige proglatte lokale EL-Ring mit Restklassenkörper $\hat{k}_a$ ist, dessen rationale Punkte einen Cohenring zu k bilden; dieses Ergebnis ist für perfekte Grundkörper k offensichtlich falsch.

11.1 Sei k ein Körper der Charakteristik $p > 0$ mit endlichem p-Grad: $[k : k^p] < \infty$. Mit Hilfe einer p-Basis $\mathcal{B} \subset k$ wird k zu einer $\mathbb{Z}[\mathcal{B}]$-Algebra, dh. zu einem Körper mit p-Basis $\mathcal{B}$ in der Terminologie von 2.1, und die Konstruktionen der k-Ringe $\mathcal{C}_{nk}^{\mathcal{B}}$, $\hat{\mathcal{C}}_{nk}^{\mathcal{B}}$ und $\mathcal{C}_{k}^{\mathcal{B}}$ hängen offensichtlich von der Wahl der p-Basis $\mathcal{B}$ in k ab (vgl. §2 und §3). Es gilt jedoch folgendes Resultat:

<u>Satz</u>: <u>Der Isomorphietyp der k-Ringe</u> $\mathcal{C}_{nk}^{\mathcal{B}}$, $\hat{\mathcal{C}}_{nk}^{\mathcal{B}}$ <u>und</u> $\mathcal{C}_{k}^{\mathcal{B}}$ <u>ist unabhängig von der Wahl der p-Basis</u> $\mathcal{B}$ <u>in</u> k.

Beweis: a) Seien $\mathcal{B}, \mathcal{B}' \subset k$ zwei p-Basen. Dann gilt offensichtlich in kanonischer Weise $\mathcal{C}^{\mathcal{B}}_{1k} = \mathcal{C}^{\mathcal{B}'}_{1k} = k_a$ und $\hat{\mathcal{C}}^{\mathcal{B}}_{1k} = \hat{\mathcal{C}}^{\mathcal{B}'}_{1k} = \hat{k}_a$, und nach der universellen Eigenschaft des Cohenringes $\mathcal{C}(k)$ (3.7) gibt es einen Isomorphismus $\varphi : \mathcal{C}^{\mathcal{B}}_k(k) \xrightarrow{\sim} \mathcal{C}^{\mathcal{B}'}_k(k)$ mit $\pi'_1(k) \circ \varphi = \pi_1(k)$, wobei $\pi_1 : \mathcal{C}^{\mathcal{B}}_k \longrightarrow k_a$ und $\pi'_1 : \mathcal{C}^{\mathcal{B}'}_k \longrightarrow k_a$ die kanonischen Projektionen sind. Nach Korollar 10.5 existieren k-Ringhomomorphismen $\phi : \mathcal{C}^{\mathcal{B}}_k \longrightarrow \mathcal{C}^{\mathcal{B}'}_k$ und $\psi : \mathcal{C}^{\mathcal{B}'}_k \longrightarrow \mathcal{C}^{\mathcal{B}}_k$ mit $\phi(k) = \varphi$ und $\psi(k) = \varphi^{-1}$. Hieraus folgt $\psi \circ \phi = \mathrm{Id}_{\mathcal{C}^{\mathcal{B}}_k}$ und $\phi \circ \psi = \mathrm{Id}_{\mathcal{C}^{\mathcal{B}'}_k}$ und $\phi : \mathcal{C}^{\mathcal{B}}_k \xrightarrow{\sim} \mathcal{C}^{\mathcal{B}'}_k$ ist daher ein Isomorphismus.

b) Aus der exakten Sequenz

$$0 \longrightarrow \mathcal{C}^{\mathcal{B}}_k \xrightarrow{p^n \cdot} \mathcal{C}^{\mathcal{B}}_k \xrightarrow{\hat{\pi}_n} \hat{\mathcal{C}}^{\mathcal{B}}_{nk} \longrightarrow 0$$

nach Satz 3.2 erhalten wir aus dem Isomorphismus $\phi : \mathcal{C}^{\mathcal{B}}_k \xrightarrow{\sim} \mathcal{C}^{\mathcal{B}'}_k$ von a) einen Isomorphismus $\hat{\mathcal{C}}^{\mathcal{B}}_{nk} \xrightarrow{\sim} \hat{\mathcal{C}}^{\mathcal{B}'}_{nk}$.

c) Für die k-Ringe $\mathcal{C}^{\mathcal{B}}_{nk}$ gehen wir folgendermassen vor: Nach Konstruktion haben wir auf $\mathcal{C}^{\mathcal{B}}_{nk}$ und $\mathcal{C}^{\mathcal{B}'}_{nk}$ eine natürliche $\mathcal{W}_k$-Algebrastruktur gegeben durch die Inklusionen $\mathcal{W}_{nk} \hookrightarrow \mathcal{C}^{\mathcal{B}}_{nk}$, $\mathcal{W}_{nk} \hookrightarrow \mathcal{C}^{\mathcal{B}'}_{nk}$. Ist $\varphi : \mathcal{C}^{\mathcal{B}}_k(k) \xrightarrow{\sim} \mathcal{C}^{\mathcal{B}'}_k(k)$ ein Isomorphismus wie in a), so erhalten wir induzierte Isomorphismen $\varphi_n : \mathcal{C}^{\mathcal{B}}_{nk}(k) \xrightarrow{\sim} \mathcal{C}^{\mathcal{B}'}_{nk}(k)$ für alle $n > 0$, und es gilt : $\varphi_n | \mathcal{W}_{nk} = \mathrm{Id}_{\mathcal{W}_{nk}}$ (Für $y \in \mathcal{C}_n(k)$ hat man nämlich folgende Formel: $p^r \cdot y^{p^{n-r-1}} = V^r([\bar{y}]) \in \mathcal{W}_n(k)$, wobei $\bar{y}$ die Restklasse von y unter der kanonischen Projektion $\pi^{n-1}(k)$ ist (Beweis als Uebung); man erhält daraus

$$\varphi_n(V^r([\bar{y}])) = \varphi_n(p^r \cdot y^{p^{n-r-1}}) = p^r(\varphi_n(y))^{p^{n-r-1}} = V^r([\overline{\varphi_n(y)}]) = V^r([\bar{y}])$$

und damit die Behauptung.). Betrachten wir nun den Funktor $G = G_{\mathcal{W}_k}$ und die beiden Homomorphismen $\mu_n : G(\mathcal{C}^{\mathcal{B}}_{nk}(k)) \longrightarrow \mathcal{C}^{\mathcal{B}}_{nk}$ und $\mu'_n : G(\mathcal{C}^{\mathcal{B}}_{nk}(k)) \xrightarrow{G(\varphi_n)} G(\mathcal{C}^{\mathcal{B}'}_{nk}(k)) \longrightarrow \mathcal{C}^{\mathcal{B}'}_{nk}$ so haben wir zu zeigen, dass $\operatorname{Ker}\mu_n = \operatorname{Ker}\mu'_n$ gilt für alle $n > 0$. Offensichtlich ist $\mu_1 = \mu'_1 : G(k) \xrightarrow{\sim} k_a$ ein Isomorphismus und unsere Behauptung folgt durch Induktion über n aus dem kommutativen Diagramm

$$\begin{array}{ccccccccc}
0 & \longrightarrow & \mathcal{W}^{\mathcal{B}'}_{nk} & \xrightarrow{A} & \mathcal{W}^{\mathcal{B}'}_{n+1\,k} & \longrightarrow & (k^{p^{-n}})_a & \longrightarrow & 0 \\
 & & \uparrow \mu'_n & & \uparrow \mu'_{n+1} & & \wr\uparrow & & \\
 & & G(\mathcal{W}^{\mathcal{B}}_{nk}(k)) & \xrightarrow{G(A(k))} & G(\mathcal{W}^{\mathcal{B}}_{n+1\,k}(k)) & \longrightarrow & G(k^{p^{-n}}) & \longrightarrow & 0 \\
 & & \downarrow \mu_n & & \downarrow \mu_{n+1} & & \wr\downarrow & & \\
0 & \longrightarrow & \mathcal{W}^{\mathcal{B}}_{nk} & \xrightarrow{A} & \mathcal{W}^{\mathcal{B}}_{n+1\,k} & \longrightarrow & (k^{p^{-n}})_a & \longrightarrow & 0
\end{array}$$

Bemerkung: Es ergibt sich schon aus dem Struktursatz 5.1, dass die unterliegende additive Gruppe $\mathcal{W}^{\mathcal{B}+}_{nk}$ unabhängig von der Wahl der p-Basis bis auf Isomorphie eindeutig bestimmt ist (vgl. Korollar 2 in 5.1).

11.2 Ist $\mathcal{R}$ ein k-Ring und $\mathcal{S}$ eine $\mathcal{R}$-Algebra, so bezeichnen wir mit $\operatorname{Aut}\mathcal{R}$ bzw. $\operatorname{Aut}_{\mathcal{R}}\mathcal{S}$ die Gruppe der k-Ringautomorphismen bzw. die Gruppe der $\mathcal{R}$-Algebrenautomorphismen, und entsprechend verwenden wir auch die Bezeichnungen $\operatorname{Aut}\mathcal{R}(k)$ bzw. $\operatorname{Aut}_{\mathcal{R}(k)}\mathcal{S}(k)$.

Der Beweis des folgenden Satzes sei dem Leser als Uebung überlassen:

Satz: Wir haben für alle $n > 0$ kanonische Isomorphismen

$$\operatorname{Aut}\hat{\mathcal{W}}_{nk} \xrightarrow{\sim} \operatorname{Aut}\mathcal{W}_{nk} \xrightarrow{\sim} \operatorname{Aut}_{\omega_n(k)}\mathcal{W}_n(k) = \{\varphi \in \operatorname{Aut}\mathcal{W}_n(k) \mid \pi^{n-1}(k)\circ\varphi = \pi^{n-1}(k)\}$$

und es gilt

$$\operatorname{Aut}\mathcal{W}_k \xrightarrow{\sim} \{\varphi \in \operatorname{Aut}\mathcal{W}(k) \mid \pi_1(k)\circ\varphi = \pi_1(k)\}.$$

11.3 Ist S ein vollständiger Noetherscher lokaler Ring mit Restklassenkörper k, so gibt es nach 3.7 auf S eine $\mathfrak{C}_k(k)$-Algebrastruktur und wir erhalten einen EL-Ring $\mathfrak{S} = G_{\mathfrak{C}_k}(S)$ mit $\mathfrak{S}(k) \xrightarrow{\sim} S$ (vgl. 7.5 sowie die Untersuchungen in §8).

<u>Satz</u>: <u>Ist</u> S <u>ein vollständiger Noetherscher lokaler Ring mit Restklassenkörper</u> k , <u>so ist der Isomorphietyp des k-Ringes</u> $G_{\mathfrak{C}_k}(S)$ <u>unabhängig von der Wahl der</u> $\mathfrak{C}_k(k)$<u>-Algebrastruktur auf</u> S (Es werden dabei nur solche $\mathfrak{C}_k(k)$-Algebrastrukturen $\varphi : \mathfrak{C}_k(k) \longrightarrow S$ betrachtet, welche auf den Restklassenkörpern die Identität induzieren).

<u>Beweis</u>: Seien S', S'' zwei $\mathfrak{C}(k)$-Algebrastrukturen auf S gegeben durch zwei Ringhomomorphismen $g', g'' : \mathfrak{C}(k) \longrightarrow S$. Betrachten wir dann den k-Ring $\mathfrak{S} = G_{\mathfrak{C}_k}(S')$, so erhalten wir mit Hilfe des Ringhomomorphismus

$$g'' : \mathfrak{C}(k) \longrightarrow S = \mathfrak{S}(k)$$

eine $\mathfrak{C}_k$-Algebrastruktur $\phi'' : \mathfrak{C}_k \longrightarrow \mathfrak{S}$ mit $\phi''(k) = g''$ nach Korollar 10.5 und damit einen Epimorphismus

$$\phi : G_{\mathfrak{C}_k}(S'') \longrightarrow \mathfrak{S} = G_{\mathfrak{C}_k}(S')$$

mit $\phi(k) = \mathrm{Id} : S'' \xrightarrow{\sim} S'$. Genau gleich konstruiert man auch einen Epimorphismus

$$\psi : G_{\mathfrak{C}_k}(S') \longrightarrow G_{\mathfrak{C}_k}(S'')$$

mit $\psi(k) = \mathrm{Id} : S' \xrightarrow{\sim} S''$. Die Komposition $\phi \circ \psi$ induziert auf den rationalen Punkten die Identität und ist daher ein $\mathfrak{C}_k$-Algebrenhomomorphismus, und wir erhalten $\phi \circ \psi = G_{\mathfrak{C}_k}((\phi \circ \psi)(k)) = G_{\mathfrak{C}_k}(\mathrm{Id}_{S'}) =$ $= \mathrm{Id}_{G_{\mathfrak{C}_k}(S')}$, was zu zeigen war.

11.4 Satz: Sei $\mathfrak{R}$ ein proglatter lokaler EL-Ring. Ist dann k nicht perfekt und $\mathfrak{R}(k)$ ein vollständiger diskreter Bewertungsring der Charakteristik 0, so ist für jede $\mathfrak{C}_k$-Algebrastruktur auf $\mathfrak{R}$ der kanonische Homomorphismus

$$\varphi_{\mathfrak{R}} : G_{\mathfrak{C}_k}(\mathfrak{R}(k)) \xrightarrow{\sim} \mathfrak{R}$$

ein Isomorphismus.

Beweis: Sei $\mathfrak{m} \subset \mathfrak{R}$ das Maximalideal und $\mathfrak{K} = \mathfrak{R}/\mathfrak{m}$ der Restklassenkörper. Wir zeigen zunächst, dass die $\mathfrak{K}$-Moduln $\mathfrak{m}^n/\mathfrak{m}^{n+1}$ alle nicht algebraisch sind. Sei hierzu $z \in \mathfrak{R}(k)$ eine Ortsuniformisierende und $\mu_n : \mathfrak{m}^n/\mathfrak{m}^{n+1} \longrightarrow \mathfrak{m}^{n+1}/\mathfrak{m}^{n+2}$ der durch das Multiplizieren mit z induzierte $\mathfrak{K}$-Modulhomomorphismus. Nach Konstruktion gilt $\mathfrak{m}^n(k) = z^n \cdot \mathfrak{R}(k)$ und μ_n ist daher ein Epimorphismus mit $\mu_n(k)$ bijektiv. Wäre nun ein $\mathfrak{m}^n/\mathfrak{m}^{n+1}$ algebraisch, so wäre μ_n ein Isomorphismus für $n \geq n_0$ und n_0 genügend gross (Zusatz 7.10). Mit Hilfe des Homomorphismus $z^{n_0} : \mathfrak{R} \longrightarrow \mathfrak{m}^{n_0}$ können wir dann $\mathfrak{m}^{n_0} = \bar{\mathfrak{R}}$ als Restklassenring von $\mathfrak{R}$ auffassen; es ist dann $\bar{\mathfrak{R}}$ ein lokaler EL-Ring mit Maximalideal $\bar{\mathfrak{m}} = \mathfrak{m}^{n_0+1}$ und algebraischem Restklassenkörper. Wegen $\mathfrak{R}(k) \xrightarrow{\sim} \bar{\mathfrak{R}}(k)$ ist $\bar{\mathfrak{R}}(k)$ ebenfalls ein vollständiger diskreter Bewertungsring und nach Konstruktion ist das Multiplizieren mit einem Element $x \in \bar{\mathfrak{R}}(k)$ ein Monomorphismus $x\cdot : \bar{\mathfrak{R}} \hookrightarrow \bar{\mathfrak{R}}$. Andererseits gibt es auf $\bar{\mathfrak{R}}$ eine $\mathfrak{W}_k$-Algebrastruktur $\varrho : \mathfrak{W}_k \longrightarrow \bar{\mathfrak{R}}$ (Satz 10.7). Betrachten wir dann das Multiplizieren mit p^n auf $\mathfrak{W}_k$ und auf $\bar{\mathfrak{R}}$, so erhalten wir $\operatorname{Ker} \varrho \supset {}_{F^n}\mathfrak{W}_k$ für alle $n > 0$ und daher $\operatorname{Ker} \varrho = \mathfrak{W}_k$ im Widerspruch zur Konstruktion. Es sind also alle $\mathfrak{m}^n/\mathfrak{m}^{n+1}$ nicht algebraisch.

Sei nun $\mathcal{O}$ mit irgend einer $\mathcal{C}_k$-Algebrastruktur versehen und sei $\mathfrak{m} \subset \mathcal{O}(k)$ das Maximalideal. Dann ist $\mathfrak{N} = G_{\mathcal{C}_k}(\mathfrak{m})$ das Maximalideal von $\mathcal{S} = G_{\mathcal{C}_k}(\mathcal{O}(k))$ und der kanonische Homomorphismus

$$\varphi_{\mathcal{O}} : G_{\mathcal{C}_k}(\mathcal{O}(k)) \longrightarrow \mathcal{O}$$

induziert einen Homomorphismus $\varphi_n : \mathfrak{N}^n/\mathfrak{N}^{n+1} \longrightarrow \mathfrak{M}^n/\mathfrak{M}^{n+1}$ für jedes $n \geq 0$. Nach Konstruktion ist (vgl. Zusatz 7.3 (b))

$$\mathfrak{N}^n/\mathfrak{N}^{n+1} \xrightarrow{\sim} G_{\mathcal{C}_k}(\mathfrak{m}^n/\mathfrak{m}^{n+1}) \xrightarrow{\sim} G_{\mathcal{C}_k}(K) \xrightarrow{\sim} \hat{K}_a$$

mit $K = \mathcal{O}(k)/\mathfrak{m}$, und die φ_n sind in natürlicher Weise $\hat{K}_a$-Modulhomomorphismen (vermittels $\varphi_0 : K_a \longrightarrow \mathcal{K}$). Da die φ_n epimorph sind und die $\mathfrak{M}^n/\mathfrak{M}^{n+1}$ nicht algebraisch sind, sind die φ_n nach Korollar 9.3 (b) Isomorphismen und folglich ist auch $\varphi_{\mathcal{O}} : G_{\mathcal{C}_k}(\mathcal{O}(k)) \xrightarrow{\sim} \mathcal{O}$ ein Isomorphismus.

<u>Korollar</u>: <u>Ist</u> k <u>nicht perfekt</u>, $\mathcal{O}$ <u>ein proglatter lokaler EL-Ring mit Restklassenkörper</u> $\hat{k}_a$ <u>und mit</u> $\mathcal{O}(k) \xrightarrow{\sim} \mathcal{C}(k)$, <u>so ist</u> $\mathcal{O}$ <u>isomorph zu</u> $\mathcal{C}_k$.

11.5 <u>Bemerkung</u>: Der obige Satz ist für perfekte Körper k nicht richtig. Betrachten wir zum Beispiel die Faserprodukte

$$\begin{array}{ccc} \mathcal{W}_k & \xrightarrow{\text{kan}} & \mathcal{W}_{nk} \\ \uparrow{\scriptstyle \varphi_n} & & \uparrow{\scriptstyle \text{kan}} \\ \mathcal{O}_n & \longrightarrow & \overset{\infty}{\mathcal{W}}_{nk} \end{array}$$

für $n \geq 1$, so sind die $\mathcal{O}_n$ proglatte zusammenhängende lokale k-Ringe mit Restklassenkörper $\hat{k}_a$ und $\mathcal{O}_n(k) \xrightarrow[\sim]{\varphi_n(k)} \mathcal{W}_k(k)$. Andererseits gibt es in $\mathcal{W}_k$ auch sehr viele infinitesimale Ideale :

Ist $t = (t_o, t_1, \ldots)$ eine monoton wachsende Folge von ganzen Zahlen $t_i \geq 0$, so erhalten wir ein infinitesimales Ideal $\mathcal{I}_t \subset \mathcal{W}_k$ durch $\mathcal{I}_t(R) = \{ (r_o, r_1, r_2, \ldots) \in \mathcal{W}_k(R) \mid r_i^{p^{t_i}} = 0 \}$ und die Restklassenringe $\mathcal{R}_t = \mathcal{W}_k / \mathcal{I}_t$ sind proglatte lokale k-Ringe mit Restklassenkörper k_a und $\mathcal{W}(k) \xrightarrow{\sim} \mathcal{R}_t(k)$.

Anhang: Das Endomorphismen-Schema eines $\mathcal{R}$-Moduls

In diesem Anhang untersuchen wir den Funktor der $\mathcal{R}$-Modulhomomorphismen zwischen zwei $\mathcal{R}$-Moduln $\mathcal{M}$ und $\mathcal{N}$: $\mathcal{H}om_{\mathcal{R}}(\mathcal{M},\mathcal{N})$. Ist $\mathcal{R}$ zusammenhängend und $\mathcal{M}$ algebraisch, so ist $\mathcal{H}om_{\mathcal{R}}(\mathcal{M},\mathcal{N})$ eine affine k-Gruppe, und für $\mathcal{M} = \mathcal{N}$ erhalten wir einen k-Ring $\mathcal{E}nd_{\mathcal{R}}(\mathcal{M})$.

A1. Sind $\mathcal{F}$, $\mathcal{G}$ k-Funktoren, so bezeichnen wir mit $\mathcal{H}om_k(\mathcal{F},\mathcal{G})$ den k-Funktor $R \longmapsto \underline{M_R E}(\mathcal{F}_R, \mathcal{G}_R)$. Sind $\mathcal{F}$ und $\mathcal{G}$ k-Gruppenfunktoren, so bezeichnen wir mit $\mathcal{G}r_k(\mathcal{F},\mathcal{G})$ den Unterfunktor von $\mathcal{H}om_k(\mathcal{F},\mathcal{G})$ gegeben durch die Gruppenhomomorphismen, und entsprechend bezeichnen wir mit $\mathcal{H}om_{\mathcal{R}}(\mathcal{F},\mathcal{G})$ den Unterfunktor der $\mathcal{R}$-Modulhomomorphismen, falls $\mathcal{F}$ und $\mathcal{G}$ $\mathcal{R}$-Modulfunktoren über einem Ringfunktor $\mathcal{R}$ sind.

Lemma: Sind $\mathcal{F}$, $\mathcal{G}$ k-Funktoren (bzw. k-Gruppenfunktoren, bzw. $\mathcal{R}$-Modulfunktoren über einem k-Ringfunktor $\mathcal{R}$) und ist $\mathcal{G}$ eine k-Garbe, so ist $\mathcal{H}om_k(\mathcal{F},\mathcal{G})$ (bzw. $\mathcal{G}r_k(\mathcal{F},\mathcal{G})$ bzw. $\mathcal{H}om_{\mathcal{R}}(\mathcal{F},\mathcal{G})$) eine k-Garbe.

Beweis: Die erste Behauptung folgt aus [2] III, §3, 1.1 (Beweis der Proposition 1.1). Für die beiden andern Aussagen betrachten wir die exakten Sequenzen

$$\mathcal{G}r_k(\mathcal{F},\mathcal{G}) \hookrightarrow \mathcal{H}om_k(\mathcal{F},\mathcal{G}) \overset{f}{\underset{g}{\rightrightarrows}} \mathcal{H}om_k(\mathcal{F}\times\mathcal{F},\mathcal{G}) \qquad (1)$$

$$\mathcal{H}om_{\mathcal{R}}(\mathcal{F},\mathcal{G}) \hookrightarrow \mathcal{H}om_k(\mathcal{F},\mathcal{G}) \overset{u}{\underset{v}{\rightrightarrows}} \mathcal{H}om_k(\mathcal{R}\times\mathcal{F},\mathcal{G}) \qquad (2)$$

mit f,g,u,v gegeben durch

$$f(R) : \varphi \longmapsto \Delta_{\mathcal{G}} \circ (\varphi \times \varphi) \quad , \quad g(R) : \varphi \longmapsto \varphi \circ \Delta_{\mathcal{F}}$$

$$u(R) : \varphi \longmapsto \psi_{\mathcal{G}} \circ (\mathrm{Id} \times \varphi) \quad , \quad v(R) : \varphi \longmapsto \varphi \circ \psi_{\mathcal{F}}$$

(Dabei sind $\Delta_{\mathcal{G}} : \mathcal{G} \times \mathcal{G} \longrightarrow \mathcal{G}$, $\Delta_{\mathcal{F}} : \mathcal{F} \times \mathcal{F} \longrightarrow \mathcal{F}$ die Multiplikationen auf den Gruppenfunktoren $\mathcal{G}$ und $\mathcal{F}$, und $\psi_{\mathcal{G}} : \mathcal{R} \times \mathcal{G} \longrightarrow \mathcal{G}$, $\psi_{\mathcal{F}} : \mathcal{R} \times \mathcal{F} \longrightarrow \mathcal{F}$ sind die $\mathcal{R}$-Modulstrukturen auf $\mathcal{G}$ und $\mathcal{F}$). Unser Lemma folgt nun aus der Tatsache, dass jeder projektive Limes von k-Garben wieder eine k-Garbe ist.

<u>Bemerkung</u>: <u>Das obige Lemma gilt mit gleichem Beweis für harte k-Garben an Stelle von Garben.</u>

A2. <u>Lemma</u>: <u>Ist</u> $\mathcal{R}$ <u>ein k-Ring und</u> $\mathcal{M}$, $\mathcal{N}$ <u>endliche $\mathcal{R}$-Moduln</u> (dh. $\dim_k \mathcal{O}(\mathcal{M})$, $\dim_k \mathcal{O}(\mathcal{N}) < \infty$), <u>so sind</u> $\mathcal{H}om_k(\mathcal{M}, \mathcal{N})$, $\mathcal{G}r_k(\mathcal{M}, \mathcal{N})$ <u>und</u> $\mathcal{H}om_{\mathcal{R}}(\mathcal{M}, \mathcal{N})$ <u>affine algebraische k-Gruppen.</u>

<u>Beweis</u>: Die erste Behauptung folgt aus den Voraussetzungen wegen $\underline{M}_R\underline{E}(\mathcal{M}_R, \mathcal{N}_R) \xrightarrow{\sim} \mathrm{Alg}_R(\mathcal{O}(\mathcal{N}) \otimes_k R, \mathcal{O}(\mathcal{M}) \otimes_k R)$. Aus der exakten Sequenz (1) des Beweises des Lemmas A1 folgt auch die Behauptung für $\mathcal{G}r_k(\mathcal{M}, \mathcal{N})$. Da $\mathcal{H}om_k(\mathcal{R} \times \mathcal{F}, \mathcal{G})$ im allgemeinen nicht affin ist, brauchen wir für die letzte Behauptung eine zusätzliche Betrachtung. Seien hierzu $\rho_{\mathcal{M}} : \mathcal{O}(\mathcal{M}) \longrightarrow \mathcal{O}(\mathcal{R}) \otimes_k \mathcal{O}(\mathcal{M})$ und $\rho_{\mathcal{N}} : \mathcal{O}(\mathcal{N}) \longrightarrow \mathcal{O}(\mathcal{R}) \otimes_k \mathcal{O}(\mathcal{N})$ die Comorphismen der $\mathcal{R}$-Modulstruktur auf $\mathcal{M}$ und $\mathcal{N}$. Da $\mathcal{O}(\mathcal{M})$ und $\mathcal{O}(\mathcal{N})$ endlichdimensionale k-Algebren sind, gibt es einen endlichdimensionalen Unterraum $V \subset \mathcal{O}(\mathcal{R})$ mit der Eigenschaft, dass der Homomorphismus $\rho_{\mathcal{M}}$

über $V \otimes_k \mathcal{O}(\mathcal{M}) \subset \mathcal{O}(\mathcal{R}) \otimes_k \mathcal{O}(\mathcal{M})$ und der Homomorphismus $\varrho_{\mathcal{N}}$ über $V \otimes_k \mathcal{O}(\mathcal{N}) \subset \mathcal{O}(\mathcal{R}) \otimes_k \mathcal{O}(\mathcal{N})$ faktorisiert. Aus der exakten Sequenz (2) erhalten wir daher die exakte Sequenz

$$\mathcal{H}om_{\mathcal{R}}(\mathcal{M}, \mathcal{N}) \longrightarrow \mathcal{G}r_k(\mathcal{M}, \mathcal{N}) \overset{u'}{\underset{v'}{\rightrightarrows}} \mathcal{L}$$

wobei $\mathcal{L}$ durch $\mathcal{L}(R) = \mathrm{Mod}_R(\mathcal{O}(\mathcal{N}) \otimes_k R,\ V \otimes_k \mathcal{O}(\mathcal{M}) \otimes_k R) \xrightarrow{\sim} \mathcal{L}(k) \otimes_k R$ gegeben ist und die beiden Morphismen u' und v' durch u und v induziert werden. Nach Konstruktion ist $\mathcal{L}$ affin und folglich auch $\mathcal{H}om_{\mathcal{R}}(\mathcal{M}, \mathcal{N})$.

A3. <u>Satz</u>: <u>Sei $\mathcal{R}$ ein zusammenhängender k-Ring und seien $\mathcal{N}$ und $\mathcal{M}$ zwei $\mathcal{R}$-Moduln. Ist dann $\mathcal{M}$ algebraisch, so ist</u>

$$\mathcal{H}om_{\mathcal{R}}(\mathcal{M}, \mathcal{N})$$

<u>eine affine k-Gruppe.</u>

<u>Beweis</u>: Wegen $\mathcal{H}om_{\mathcal{R}}(\mathcal{M}, \varinjlim_{\alpha} \mathcal{N}_\alpha) \xrightarrow{\sim} \varinjlim_{\alpha} \mathcal{H}om_{\mathcal{R}}(\mathcal{M}, \mathcal{N}_\alpha)$ können wir $\mathcal{N}$ und damit auch $\mathcal{R}$ algebraisch voraussetzen. Zudem können wir annehmen, dass k algebraisch abgeschlossen ist: Unter Verwendung von Lemma A1 folgt aus [2] III, §1, Corollaire 2.12, dass mit $\mathcal{H}om_{\mathcal{R}_{\bar{k}}}(\mathcal{M}_{\bar{k}}, \mathcal{N}_{\bar{k}}) \xrightarrow{\sim} \mathcal{H}om_{\mathcal{R}}(\mathcal{M}, \mathcal{N}) \otimes_k \bar{k}$ auch $\mathcal{H}om_{\mathcal{R}}(\mathcal{M}, \mathcal{N})$ affin ist.

Ist $\mathcal{M}$ infinitesimal, so folgt die Behauptung aus dem Lemma A2: Man ersetze $\mathcal{N}$ durch ${}_{F^n}\mathcal{N}$ für genügend grosses n. Für $\mathcal{M} = \mathcal{R}^n$ haben wir einen Isomorphismus $\mathcal{H}om_{\mathcal{R}}(\mathcal{M}, \mathcal{N}) \xrightarrow{\sim} \mathcal{N}^n$. Da der Funktor $\mathcal{H}om_{\mathcal{R}}(\,?\,, \mathcal{N}) : \mathcal{M}od_{\mathcal{R}} \to \mathcal{G}r_k$ linksexakt ist, ergibt sich nun die Behauptung aus dem nachfolgenden Lemma.

Lemma: Ist k algebraisch abgeschlossen, $\mathcal{R}$ ein zusammenhängender k-Ring und $\mathcal{M}$ ein algebraischer $\mathcal{R}$-Modul, so gibt es eine natürliche Zahl $m \geq 0$, einen infinitesimalen $\mathcal{R}$-Modul $\mathcal{I}$ und einen Epimorphismus

$$\rho : \mathcal{R}^m \oplus \mathcal{I} \longrightarrow \mathcal{M}$$

von $\mathcal{R}$-Moduln.

Beweis: Für genügend grosses n ist $\bar{\mathcal{M}} = \mathcal{M}/_{F^n}\mathcal{M}$ glatt und es gibt daher einen Epimorphismus $\mathcal{R}^m \longrightarrow \bar{\mathcal{M}}$ für ein geeignetes $m \geq 0$, welcher sich zu einem $\mathcal{R}$-Modulhomomorphismus $\rho' : \mathcal{R}^m \longrightarrow \mathcal{M}$ hochheben lässt. Es folgt aber aus der Konstruktion, dass der Homomorphismus

$$\rho = \text{Inkl.} \oplus \rho' : \mathcal{R}^m \oplus \mathcal{I} \longrightarrow \mathcal{M}$$

die gesuchten Eigenschaften hat.

A4. Sei nun $\mathcal{R}$ ein k-Ring und $\mathcal{S}$, $\mathcal{T}$ $\mathcal{R}$-Algebren. Dann bezeichnen wir mit $\mathcal{A}lg_{\mathcal{R}}(\mathcal{S}, \mathcal{T})$ den k-Funktor der $\mathcal{R}$-Algebrenhomomorphismen.

Satz: Ist $\mathcal{R}$ ein zusammenhängender k-Ring, $\mathcal{S}$ und $\mathcal{T}$ zwei $\mathcal{R}$-Algebren mit $\mathcal{S}$ algebraisch, so ist $\mathcal{A}lg_{\mathcal{R}}(\mathcal{S}, \mathcal{T})$ ein affines k-Schema.

Beweis: Nach A3 wissen wir schon, dass $\mathcal{H}om_{\mathcal{R}}(\mathcal{S}, \mathcal{T})$ ein affines k-Schema ist, und das gleiche gilt auch für den k-Unterfunktor $\mathcal{H}om'_{\mathcal{R}}(\mathcal{S}, \mathcal{T})$ derjenigen $\mathcal{R}$-Modulhomomorphismen $\varphi : \mathcal{S} \longrightarrow \mathcal{T}$, für die $\varphi(1_{\mathcal{S}}) = 1_{\mathcal{T}}$ gilt.

Wir betrachten nun die exakte Sequenz

$$\mathcal{A}lg_{\mathcal{R}}(\mathcal{S}, \mathcal{T}) \hookrightarrow \mathcal{H}om_{\mathcal{R}}(\mathcal{S}, \mathcal{T}) \underset{v}{\overset{u}{\rightrightarrows}} \mathcal{H}om_{k}(\mathcal{S} \times \mathcal{S}, \mathcal{T})$$

mit u und v gegeben durch $u(\varphi) = \varphi \circ m_{\mathcal{S}}$ und $v(\varphi) = m_{\mathcal{T}} \circ (\varphi \times \varphi)$ ($m_{\mathcal{S}}$ und $m_{\mathcal{T}}$ sind die Multiplikationen auf $\mathcal{S}$ und $\mathcal{T}$). Unter Verwendung des Isomorphismus $\mathcal{H}om_{k}(\mathcal{S} \times \mathcal{S}, \mathcal{T}) \xrightarrow{\sim} \mathcal{H}om_{k}(\mathcal{S}, \mathcal{H}om_{k}(\mathcal{S}, \mathcal{T}))$ ist es leicht zu sehen, dass u und v über den Unterfunktor $\mathcal{H}om_{\mathcal{R}}(\mathcal{S}, \mathcal{H}om_{\mathcal{R}}(\mathcal{S}, \mathcal{T}))$ faktorisieren, welcher nach Satz A3 ein affines k-Schema ist.

Bemerkung: Aus den einzelnen Beweisen geht hervor, dass die Resultate dieses Anhangs auch im nicht-kommutativen Falle richtig sind. Der Satz A4 gilt sogar für $\mathcal{S}$, $\mathcal{T}$ und $\mathcal{R}$ nicht-kommutativ; wir überlassen es dem Leser als letzte Übungsaufgabe, den Beweis entsprechend zu modifizieren.

Literaturverzeichnis

[1] Cartan H. - Eilenberg S. Homological Algebra - Princeton University Press, 1956.

[2] Demazure M. - Gabriel P. Groupes algébriques Tome 1 - Paris, Masson; Amsterdam, North-Holland Publishing Company, 1970.

[3] Gaudier H. Schémas en anneaux affines - C.R. Acad. Sc. Paris, 273, 1971, p. 768 - 771.

[4] - Sur les ω_k-bimodules et les k-anneaux connexes - C.R. Acad. Sc. Paris, 275, 1972, p. 61 - 64.

[5] Greenberg M.J. Algebraic Rings - Trans. A.M.S. 3, 1964 p. 472 - 481

[6] Oort F. Commutative algebraic groups - Lecture Notes in Math. 15, Springer 1966.

[7] Schoeller C. Groupes affines, commutatifs, unipotents sur un corps non parfait - Bull. Soc. Math. France 100, 1972, p. 241 - 300.

[8] Serre J.P. Sur les corps locaux à corps résiduel algébriquement clos - Bull. Soc. Math. France 89, 1961

[9] Zariski O. - Samuel P. Commutative Algebra Vol I - Princeton New Jersey; D. van Nostrand Company, Inc., 1965.

Vol. 277: Séminaire Banach. Edité par C. Houzel. VII, 229 pages. 1972. DM 22,–

Vol. 278: H. Jacquet, Automorphic Forms on GL(2) Part II. XIII, 142 pages. 1972. DM 18,–

Vol. 279: R. Bott, S. Gitler and I. M. James, Lectures on Algebraic and Differential Topology. V, 174 pages. 1972. DM 20,–

Vol. 280: Conference on the Theory of Ordinary and Partial Differential Equations. Edited by W. N. Everitt and B. D. Sleeman. XV, 367 pages. 1972. DM 29,–

Vol. 281: Coherence in Categories. Edited by S. Mac Lane. VII, 235 pages. 1972. DM 22,–

Vol. 282: W. Klingenberg und P. Flaschel, Riemannsche Hilbertmannigfaltigkeiten. Periodische Geodätische. VII, 211 Seiten. 1972. DM 22,–

Vol. 283: L. Illusie, Complexe Cotangent et Déformations II. VII, 304 pages. 1972. DM 27,–

Vol. 284: P. A. Meyer, Martingales and Stochastic Integrals I. VI, 89 pages. 1972. DM 18,–

Vol. 285: P. de la Harpe, Classical Banach-Lie Algebras and Banach-Lie Groups of Operators in Hilbert Space. III, 160 pages. 1972. DM 18,–

Vol. 286: S. Murakami, On Automorphisms of Siegel Domains. V, 95 pages. 1972. DM 18,–

Vol. 287: Hyperfunctions and Pseudo-Differential Equations. Edited by H. Komatsu. VII, 529 pages. 1973. DM 40,–

Vol. 288: Groupes de Monodromie en Géométrie Algébrique. (SGA 7 I). Dirigé par A. Grothendieck. IX, 523 pages. 1972. DM 55,–

Vol. 289: B. Fuglede, Finely Harmonic Functions. III, 188. 1972. DM 20,–

Vol. 290: D. B. Zagier, Equivariant Pontrjagin Classes and Applications to Orbit Spaces. IX, 130 pages. 1972. DM 18,–

Vol. 291: P. Orlik, Seifert Manifolds. VIII, 155 pages. 1972. DM 18,–

Vol. 292: W. D. Wallis, A. P. Street and J. S. Wallis, Combinatorics: Room Squares, Sum-Free Sets, Hadamard Matrices. V, 508 pages. 1972. DM 55,–

Vol. 293: R. A. DeVore, The Approximation of Continuous Functions by Positive Linear Operators. VIII, 289 pages. 1972. DM 27,–

Vol. 294: Stability of Stochastic Dynamical Systems. Edited by R. F. Curtain. IX, 332 pages. 1972. DM 29,–

Vol. 295: C. Dellacherie, Ensembles Analytiques Capacités. Mesures de Hausdorff. XII, 123 pages. 1972. DM 18,–

Vol. 296: Probability and Information Theory II. Edited by M. Behara, K. Krickeberg and J. Wolfowitz. V, 223 pages. 1973. DM 22,–

Vol. 297: J. Garnett, Analytic Capacity and Measure. IV, 138 pages. 1972. DM 18,–

Vol. 298: Proceedings of the Second Conference on Compact Transformation Groups. Part 1. XIII, 453 pages. 1972. DM 35,–

Vol. 299: Proceedings of the Second Conference on Compact Transformation Groups. Part 2. XIV, 327 pages. 1972. DM 29,–

Vol. 300: P. Eymard, Moyennes Invariantes et Représentations Unitaires. II, 113 pages. 1972. DM 18,–

Vol. 301: F. Pittnauer, Vorlesungen über asymptotische Reihen. VI, 186 Seiten. 1972. DM 18,–

Vol. 302: M. Demazure, Lectures on p-Divisible Groups. V, 98 pages. 1972. DM 18,–

Vol. 303: Graph Theory and Applications. Edited by Y. Alavi, D. R. Lick and A. T. White. IX, 329 pages. 1972. DM 26,–

Vol. 304: A. K. Bousfield and D. M. Kan, Homotopy Limits, Completions and Localizations. V, 348 pages. 1972. DM 29,–

Vol. 305: Théorie des Topos et Cohomologie Etale des Schémas. Tome 3. (SGA 4). Dirigé par M. Artin, A. Grothendieck et J. L. Verdier. VI, 640 pages. 1973. DM 55,–

Vol. 306: H. Luckhardt, Extensional Gödel Functional Interpretation. VI, 161 pages. 1973. DM 20,–

Vol. 307: J. L. Bretagnolle, S. D. Chatterji et P.-A. Meyer, Ecole d'été de Probabilités: Processus Stochastiques. VI, 198 pages. 1973. DM 22,–

Vol. 308: D. Knutson, λ-Rings and the Representation Theory of the Symmetric Group. IV, 203 pages. 1973. DM 22,–

Vol. 309: D. H. Sattinger, Topics in Stability and Bifurcation Theory. VI, 190 pages. 1973. DM 20,–

Vol. 310: B. Iversen, Generic Local Structure of the Morphisms in Commutative Algebra. IV, 108 pages. 1973. DM 18,–

Vol. 311: Conference on Commutative Algebra. Edited by J. W. Brewer and E. A. Rutter. VII, 251 pages. 1973. DM 24,–

Vol. 312: Symposium on Ordinary Differential Equations. Edited by W. A. Harris, Jr. and Y. Sibuya. VIII, 204 pages. 1973. DM 22,–

Vol. 313: K. Jörgens and J. Weidmann, Spectral Properties of Hamiltonian Operators. III, 140 pages. 1973. DM 18,–

Vol. 314: M. Deuring, Lectures on the Theory of Algebraic Functions of One Variable. VI, 151 pages. 1973. DM 18,–

Vol. 315: K. Bichteler, Integration Theory (with Special Attention to Vector Measures). VI, 357 pages. 1973. DM 29,–

Vol. 316: Symposium on Non-Well-Posed Problems and Logarithmic Convexity. Edited by R. J. Knops. V, 176 pages. 1973. DM 20,–

Vol. 317: Séminaire Bourbaki – vol. 1971/72. Exposés 400–417. IV, 361 pages. 1973. DM 29,–

Vol. 318: Recent Advances in Topological Dynamics. Edited by A. Beck. VIII, 285 pages. 1973. DM 27,–

Vol. 319: Conference on Group Theory. Edited by R. W. Gatterdam and K. W. Weston. V, 188 pages. 1973. DM 20,–

Vol. 320: Modular Functions of One Variable I. Edited by W. Kuyk. V, 195 pages. 1973. DM 20,–

Vol. 321: Séminaire de Probabilités VII. Edité par P. A. Meyer. VI, 322 pages. 1973. DM 29,–

Vol. 322: Nonlinear Problems in the Physical Sciences and Biology. Edited by I. Stakgold, D. D. Joseph and D. H. Sattinger. VIII, 357 pages. 1973. DM 29,–

Vol. 323: J. L. Lions, Perturbations Singulières dans les Problèmes aux Limites et en Contrôle Optimal. XII, 645 pages. 1973. DM 46,–

Vol. 324: K. Kreith, Oscillation Theory. VI, 109 pages. 1973. DM 18,–

Vol. 325: C.-C. Chou, La Transformation de Fourier Complexe et L'Equation de Convolution. IX, 137 pages. 1973. DM 18,–

Vol. 326: A. Robert, Elliptic Curves. VIII, 264 pages. 1973. DM 24,–

Vol. 327: E. Matlis, One-Dimensional Cohen-Macaulay Rings. XII, 157 pages. 1973. DM 20,–

Vol. 328: J. R. Büchi and D. Siefkes, The Monadic Second Order Theory of All Countable Ordinals. VI, 217 pages. 1973. DM 22,–

Vol. 329: W. Trebels, Multipliers for (C, α)-Bounded Fourier Expansions in Banach Spaces and Approximation Theory. VII, 103 pages. 1973. DM 18,–

Vol. 330: Proceedings of the Second Japan-USSR Symposium on Probability Theory. Edited by G. Maruyama and Yu. V. Prokhorov. VI, 550 pages. 1973. DM 40,–

Vol. 331: Summer School on Topological Vector Spaces. Edited by L. Waelbroeck. VI, 226 pages. 1973. DM 22,–

Vol. 332: Séminaire Pierre Lelong (Analyse) Année 1971-1972. V, 131 pages. 1973. DM 18,–

Vol. 333: Numerische, insbesondere approximationstheoretische Behandlung von Funktionalgleichungen. Herausgegeben von R. Ansorge und W. Törnig. VI, 296 Seiten. 1973. DM 27,–

Vol. 334: F. Schweiger, The Metrical Theory of Jacobi-Perron Algorithm. V, 111 pages. 1973. DM 18,–

Vol. 335: H. Huck, R. Roitzsch, U. Simon, W. Vortisch, R. Walden, B. Wegner und W. Wendland, Beweismethoden der Differentialgeometrie im Großen. IX, 159 Seiten. 1973. DM 20,–

Vol. 336: L'Analyse Harmonique dans le Domaine Complexe. Edité par E. J. Akutowicz. VIII, 169 pages. 1973. DM 20,–

Vol. 337: Cambridge Summer School in Mathematical Logic. Edited by A. R. D. Mathias and H. Rogers. IX, 660 pages. 1973. DM 46,–

Vol: 338: J. Lindenstrauss and L. Tzafriri, Classical Banach Spaces. IX, 243 pages. 1973. DM 24,–

Vol. 339: G. Kempf, F. Knudsen, D. Mumford and B. Saint-Donat, Toroidal Embeddings I. VIII, 209 pages. 1973. DM 22,–

Vol. 340: Groupes de Monodromie en Géométrie Algébrique. (SGA 7 II). Par P. Deligne et N. Katz. X, 438 pages. 1973. DM 44,–

Vol. 341: Algebraic K-Theory I, Higher K-Theories. Edited by H. Bass. XV, 335 pages. 1973. DM 29,–

Vol. 342: Algebraic K-Theory II, "Classical" Algebraic K-Theory, and Connections with Arithmetic. Edited by H. Bass. XV, 527 pages. 1973. DM 40,-

Vol. 343: Algebraic K-Theory III, Hermitian K-Theory and Geometric Applications. Edited by H. Bass. XV, 572 pages. 1973. DM 40,-

Vol. 344: A. S. Troelstra (Editor), Metamathematical Investigation of Intuitionistic Arithmetic and Analysis. XVII, 485 pages. 1973. DM 38,-

Vol. 345: Proceedings of a Conference on Operator Theory. Edited by P. A. Fillmore. VI, 228 pages. 1973. DM 22,-

Vol. 346: Fučík et al., Spectral Analysis of Nonlinear Operators. II, 287 pages. 1973. DM 26,-

Vol. 347: J. M. Boardman and R. M. Vogt, Homotopy Invariant Algebraic Structures on Topological Spaces. X, 257 pages. 1973. DM 24,-

Vol. 348: A. M. Mathai and R. K. Saxena, Generalized Hypergeometric Functions with Applications in Statistics and Physical Sciences. VII, 314 pages. 1973. DM 26,-

Vol. 349: Modular Functions of One Variable II. Edited by W. Kuyk and P. Deligne. V, 598 pages. 1973. DM 38,-

Vol. 350: Modular Functions of One Variable III. Edited by W. Kuyk and J.-P. Serre. V, 350 pages. 1973. DM 26,-

Vol. 351: H. Tachikawa, Quasi-Frobenius Rings and Generalizations. XI, 172 pages. 1973. DM 20,-

Vol. 352: J. D. Fay, Theta Functions on Riemann Surfaces. V, 137 pages. 1973. DM 18,-

Vol. 353: Proceedings of the Conference on Orders, Group Rings and Related Topics. Organized by J. S. Hsia, M. L. Madan and T. G. Ralley. X, 224 pages. 1973. DM 22,-

Vol. 354: K. J. Devlin, Aspects of Constructibility. XII, 240 pages. 1973. DM 24,-

Vol. 355: M. Sion, A Theory of Semigroup Valued Measures. V, 140 pages. 1973. DM 18,-

Vol. 356: W. L. J. van der Kallen, Infinitesimally Central-Extensions of Chevalley Groups. VII, 147 pages. 1973. DM 18,-

Vol. 357: W. Borho, P. Gabriel und R. Rentschler, Primideale in Einhüllenden auflösbarer Lie-Algebren. V, 182 Seiten. 1973. DM 20,-

Vol. 358: F. L. Williams, Tensor Products of Principal Series Representations. VI, 132 pages. 1973. DM 18,-

Vol. 359: U. Stammbach, Homology in Group Theory. VIII, 183 pages. 1973. DM 20,-

Vol. 360: W. J. Padgett and R. L. Taylor, Laws of Large Numbers for Normed Linear Spaces and Certain Fréchet Spaces. VI, 111 pages. 1973. DM 18,-

Vol. 361: J. W. Schutz, Foundations of Special Relativity: Kinematic Axioms for Minkowski Space Time. XX, 314 pages. 1973. DM 26,-

Vol. 362: Proceedings of the Conference on Numerical Solution of Ordinary Differential Equations. Edited by D. Bettis. VIII, 490 pages. 1974. DM 34,-

Vol. 363: Conference on the Numerical Solution of Differential Equations. Edited by G. A. Watson. IX, 221 pages. 1974. DM 20,-

Vol. 364: Proceedings on Infinite Dimensional Holomorphy. Edited by T. L. Hayden and T. J. Suffridge. VII, 212 pages. 1974. DM 20,-

Vol. 365: R. P. Gilbert, Constructive Methods for Elliptic Equations. VII, 397 pages. 1974. DM 26,-

Vol. 366: R. Steinberg, Conjugacy Classes in Algebraic Groups (Notes by V. V. Deodhar). VI, 159 pages. 1974. DM 18,-

Vol. 367: K. Langmann und W. Lütkebohmert, Cousinverteilungen und Fortsetzungssätze. VI, 151 Seiten. 1974. DM 16,-

Vol. 368: R. J. Milgram, Unstable Homotopy from the Stable Point of View. V, 109 pages. 1974. DM 16,-

Vol. 369: Victoria Symposium on Nonstandard Analysis. Edited by A. Hurd and P. Loeb. XVIII, 339 pages. 1974. DM 26,-

Vol. 370: B. Mazur and W. Messing, Universal Extensions and One Dimensional Crystalline Cohomology. VII, 134 pages. 1974. DM 16,-

Vol. 371: V. Poenaru, Analyse Différentielle. V, 228 pages. 1974. DM 20,-

Vol. 372: Proceedings of the Second International Conference on the Theory of Groups 1973. Edited by M. F. Newman. VII, 740 pages. 1974. DM 48,-

Vol. 373: A. E. R. Woodcock and T. Poston, A Geometrical Study of the Elementary Catastrophes. V, 257 pages. 1974. DM 22,-

Vol. 374: S. Yamamuro, Differential Calculus in Topological Linear Spaces. IV, 179 pages. 1974. DM 18,-

Vol. 375: Topology Conference 1973. Edited by R. F. Dickman Jr. and P. Fletcher. X, 283 pages. 1974. DM 24,-

Vol. 376: D. B. Osteyee and I. J. Good, Information, Weight of Evidence, the Singularity between Probability Measures and Signal Detection. XI, 156 pages. 1974. DM 16.-

Vol. 377: A. M. Fink, Almost Periodic Differential Equations. VIII, 336 pages. 1974. DM 26,-

Vol. 378: TOPO 72 - General Topology and its Applications. Proceedings 1972. Edited by R. Alò, R. W. Heath and J. Nagata. XIV, 651 pages. 1974. DM 50,-

Vol. 379: A. Badrikian et S. Chevet, Mesures Cylindriques, Espaces de Wiener et Fonctions Aléatoires Gaussiennes. X, 383 pages. 1974. DM 32,-

Vol. 380: M. Petrich, Rings and Semigroups. VIII, 182 pages. 1974. DM 18,-

Vol. 381: Séminaire de Probabilités VIII. Edité par P. A. Meyer. IX, 354 pages. 1974. DM 32,-

Vol. 382: J. H. van Lint, Combinatorial Theory Seminar Eindhoven University of Technology. VI, 131 pages. 1974. DM 18,-

Vol. 383: Séminaire Bourbaki - vol. 1972/73. Exposés 418-435 IV, 334 pages. 1974. DM 30,-

Vol. 384: Functional Analysis and Applications, Proceedings 1972. Edited by L. Nachbin. V, 270 pages. 1974. DM 22,-

Vol. 385: J. Douglas Jr. and T. Dupont, Collocation Methods for Parabolic Equations in a Single Space Variable (Based on C^1-Piecewise-Polynomial Spaces). V, 147 pages. 1974. DM 16,-

Vol. 386: J. Tits, Buildings of Spherical Type and Finite BN-Pairs. IX, 299 pages. 1974. DM 24,-

Vol. 387: C. P. Bruter, Eléments de la Théorie des Matroïdes. V, 138 pages. 1974. DM 18,-

Vol. 388: R. L. Lipsman, Group Representations. X, 166 pages. 1974. DM 20,-

Vol. 389: M.-A. Knus et M. Ojanguren, Théorie de la Descente et Algèbres d' Azumaya. IV, 163 pages. 1974. DM 20,-

Vol. 390: P. A. Meyer, P. Priouret et F. Spitzer, Ecole d'Eté de Probabilités de Saint-Flour III - 1973. Edité par A. Badrikian et P.-L. Hennequin. VIII, 189 pages. 1974. DM 20,-

Vol. 391: J. Gray, Formal Category Theory: Adjointness for 2-Categories. XII, 282 pages. 1974. DM 24,-

Vol. 392: Géométrie Différentielle, Colloque, Santiago de Compostela, Espagne 1972. Edité par E. Vidal. VI, 225 pages. 1974. DM 20,-

Vol. 393: G. Wassermann, Stability of Unfoldings. IX, 164 pages. 1974. DM 20,-

Vol. 394: W. M. Patterson 3rd, Iterative Methods for the Solution of a Linear Operator Equation in Hilbert Space - A Survey. III, 183 pages. 1974. DM 20,-

Vol. 395: Numerische Behandlung nichtlinearer Integrodifferential- und Differentialgleichungen. Tagung 1973. Herausgegeben von R. Ansorge und W. Törnig. VII, 313 Seiten. 1974. DM 28,-

Vol. 396: K. H. Hofmann, M. Mislove and A. Stralka, The Pontryagin Duality of Compact O-Dimensional Semilattices and its Applications. XVI, 122 pages. 1974. DM 18,-

Vol. 397: T. Yamada, The Schur Subgroup of the Brauer Group. V, 159 pages. 1974. DM 18,-

Vol. 398: Théories de l'Information, Actes des Rencontres de Marseille-Luminy, 1973. Edité par J. Kampé de Fériet et C. Picard. XII, 201 pages. 1974. DM 23,-